미스터리 과학 카페

세상을 바꾼 과학자 16인의 수상한 초대

글 권은아

북트리거

『미스터리 과학 카페』를 찾기 전에

청소년 여러분, 그리고 이 책을 읽게 된 모든 독자 분들, 정말 반갑습니다.

지난 2016년 《중학독서평설》에 연재한 열두 편의 글을 다듬고 세 편의 글을 덧붙여 드디어 이 책을 세상에 내놓게 되었습니다.

처음 잡지에 연재할 때 코너 제목도 '미스터리 과학 카페'였습니다. 저는 과학자들의 치열한 연구와 토론 현장으로 여러분을 안내하고 싶었어요. '과학자' 하면 실험 도구 가득한 연구실에서 하루 종일 과학과 씨름하는 모습이 떠오르나요? 하지만 세상을 뒤바꿀 정도로 놀라운 이론을 밝혀낸 과학자들은 연구실에만 처박혀 있지 않았어요. 괴팍하고 혼자 있기 좋아하는 성격이었던 뉴턴조차도 런던 케임브리지에 있는 커피 하우스를 자주 드나들었다고 하니까요. 비록 그곳에서 뉴턴은 화학자 로버트 훅과 설전을 벌인 뒤 서로에 대한 미움을 키웠다는 일화가 전해지긴 하지만요.

어쨌든 과학자들에게 커피하우스는 온갖 최신 과학 지식을 나눌 수 있는 매우 중요한 장소였던 것 같아요. 실제로 과학자들이 자주 드나들던 영국의 커피하우스는 왕립학회의 설립을 촉진시켰다고 합니다. 커피하우스는 당대의 최신 과학 지식이 첨예하게 오고가는 현장이었던 셈이지요. 커피하우스에서 과학자들이 무슨 이야기를 나누었을지 상상해 보게 됩니다. 빛의 성질을 두고 의견이 완전히 달랐던 뉴턴과 로버트 훅이 만나면 무슨 이야기를 나누었을지 궁금하고, 산소 발견의 우선권을 두고 라부아지에와 프리스틀리가 한자리에 마주앉았다면 어떻게 설전을 벌였을지도 알고 싶습니다. 유전학의 아버지 멘델이 초파리 가득한 방에서 유전자지도를 그렸던 토머스 모건을 보면 뭐라고 이야기했을지도 흥미롭고요. 저는 그러한 역사적 현장을 재현할 수 있는 미지의 힘을 지닌 곳을 미스터리 과학 카페로 설정한 것이랍니다. 이곳에서 이 책의 주인공인 '우주'와 '미래'는 여러 과학자들을 만날 거예요. 혹은 미스터리 과학 카페가 과학자와 두 청소년이 만나도록 돕기도 하죠.

과학의 발견은 천재의 머릿속에서 '뚝딱' 하고 이뤄지는 것이 아니지요. 과학자들은 앞선 이들의 연구 성과를 토대로 새로운 과학적 발견을 하거나, 그 반대로 기존 연구 성과에 의심을 가지면서 새로운 것을 발견해 내기도 해요. 이 흐름을 파악하면 과학 지식을 좀 더 깊이 있게 이해할 수 있답니다. 그래서 저는 우리가 이제 여행할 과학 카페를 동시대뿐 아니라 서로 다른 시기의 과학자들이 대화를 주고받을 수 있는, 굉장히 독특한 장소로 설정했어요. 이들이 주고받는 대화를 통해 연구 쟁점이 보다 선명해졌으면 하는 바람입니다.

저는 미스터리 과학 카페로의 여행이 무척 즐거웠습니다. 독자 여러분들도 얼른 이 신기한 과학 카페에 와서 과학자들과 과학 한 잔을 할 수 있었으면 합니다. 과학자들의 결정적 순간을 함께하면서 학자로서 그들의 고뇌와 연구의 핵심에 조금 더 가까이 가게 되길 바랍니다.

《중학독서평설》 전은재 팀장님은 열두 달 내내 예리한 질문과 피드백을 통해 모호한 내용이 더 명확해지도록 애써 주셨습니다. 또한 전해인 편집자님은 늘 시간이 부족하다고 핑계 대는 저의 글을 오랫동안 기다려 정성스레 다듬어 주시고, 책의 꼴을 만드느라 애쓰셨습니다. 이외에도 윤소현 편집장님, 김지영 과장님 등 이 책을 만드는 데 도움을 주신 분들께 깊이 감사드립니다.

그리고 무엇보다도 미스터리 과학 카페 여행에 함께해 주시는 독자 분들, 정말 사랑합니다.

2019년 10월
권은아

프롤로그

여러분, 안녕하세요! 미래에 우주 최강 유튜버가 될 미래와 우주입니다!

그러니까 그날… 우리는 마을 청소년 도서관에서 어떤 콘텐츠를 만들 것인지 고민하던 중이었어요. 지금은 짤막한 동영상을 만들어 보는 수준이지만, 저희는 장차 인기 과학 유튜버가 될 예정이거든요!

우리가 유튜브에 담고 싶어 하는 내용은 다음과 같았어요. 첫째, 과학 발전에 지대한 공헌을 한 과학자들의 이야기를 담을 것. 둘째, 그 과학자들이 어떻게 위대한 발견을 할 수 있었는지 알릴 것. 과학자들의 위대한 발견을 사람들에게 쉽고 재미있게 이야기하는 것이 우리 목표였답니다. 열띤 논의 끝에 16명의 대단한 과학자들이 추려졌죠.

루이 아가시, 리제 마이트너, 마이클 패러데이, 벤저민 톰프슨,
아이작 뉴턴, 알프레드 베게너, 어니스트 스탈링, 에밀리 뒤 샤틀레,
에반젤리스타 토리첼리, 제임스 줄, 율리우스 마이어, 윌리엄 톰슨,
윌리엄 하비, 조지프 프리스틀리, 토머스 모건, 헨리에타 레빗

우리는 위의 과학자들을 물리·화학·생명과학·지구과학의 네 영역으로 분류하고, 다시 자료 조사를 했죠.

그러던 어느 날…

그날도 우리는 열심히 자료 조사를 하던 중이었어요. 갑자기 주변에 바람이 몰아치더니, 우리 앞에 미심쩍은 탈것이 하나 도착했죠. 놀이공원에서나 봄 직한 마차가 말발굽 소리를 내며 요란하게 달려왔어요. 처음에는 도서관에서 '과학의날'을 맞아 특별한 이벤트라도 벌이는 줄 알았는데, 그게 아니었어요. 마차는 도서관 앞에서 갑자기 멈췄고, 마부가 내리더니 우리에게 정중히 인사했죠.

"미스터리 과학 카페에서 두 분을 모셔 오라고 하셨습니다."

마부는 마치 연극 속 대사를 읊는 것 같았어요. 우리는 한참을 소곤댔죠.

"타도 될까?"

"그래 볼까? 재미있는 일이 생길 것 같은데."

"이런 것도 다 나중에 유튜브에 올리면 되겠다, 그치?"

우리는 결국 그 의문의 마차에 오르기로 했죠.

그런데 마차에 탄 지 얼마 되지 않아서 정말 신기한 일이 일어났어요. 도서관은 온데간데없이 사라지고, 그 자리에 영화에나 나올 법한 17세기 유럽풍의 작은 카페가 떡하니 있었죠.

"이곳은 알 만한 과학자들이 시공간을 넘어 북적대는 미스터리 과학 카페입니다. 과거에 앙숙이었던 뉴턴과 로버트 훅이 카페에서 만나 다시 싸우는 장면을 이따금 볼 수 있고, 화학자 윌리엄 톰슨과 제임스 줄이 당구를 치며 대화하는 장면도 목격할 수 있답니다. 이곳을 드나드는 과학자들은 각자 어떤 특별한 순간에 박제되어 있는 것 같아요. 그러다 심심하면 미래의 청소년들을 불러오라고 하죠. 자신들이 훗날 어떻게 기억되고 있는지 무척이나 궁금한가 봐요."

"우리가 뉴턴 같은 과학자를 만날 수 있다고요?"

"그렇습니다. 이 카페의 단골손님들은 과학에 관심이 많은 21세기의 청소년들을 매우 궁금해하십니다. 일주일에 한 번, 여러분은 미스터리 과학 카페에 들르게 될 겁니다. 자, 저를 따라오세요. 어떤 과학자들이 있는지 궁금하지 않나요?"

이렇게 해서 저희는 수많은 과학자들을 만나고 돌아오게 되었습니다.

누구를 만났냐고요? 어떤 일이 있었냐고요?

우리가 용기를 내서 미스터리 과학 카페의 문을 열었듯, 여러분도 이 책의 페이지를 넘겨야만 알 수 있답니다.

자, 용기를 내서 우리와 함께해 봐요!

물리로 쌓은 탑, 무너질 리가!

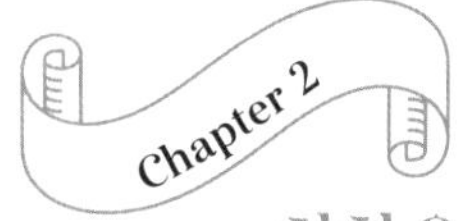

화학은 세상을 진화시키고…

지구과학의 판을 바꾼 사람들

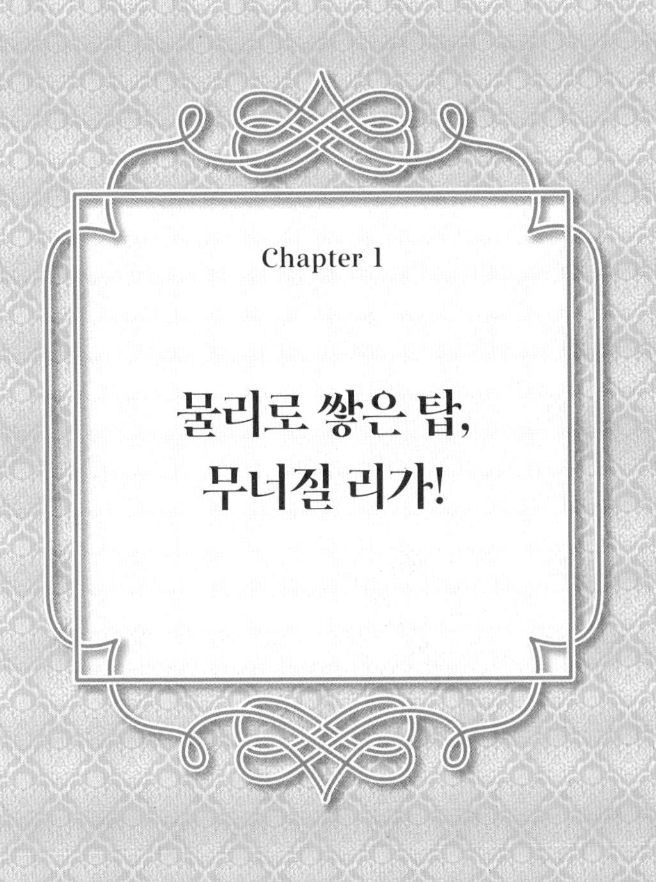

Chapter 1

물리로 쌓은 탑, 무너질 리가!

01

위대한 과학자, 빛의 분산을 발견하다
- 아이작 뉴턴, 빛의 분산 발견

1703~1727 까지
왕립학회장
아이작 뉴턴

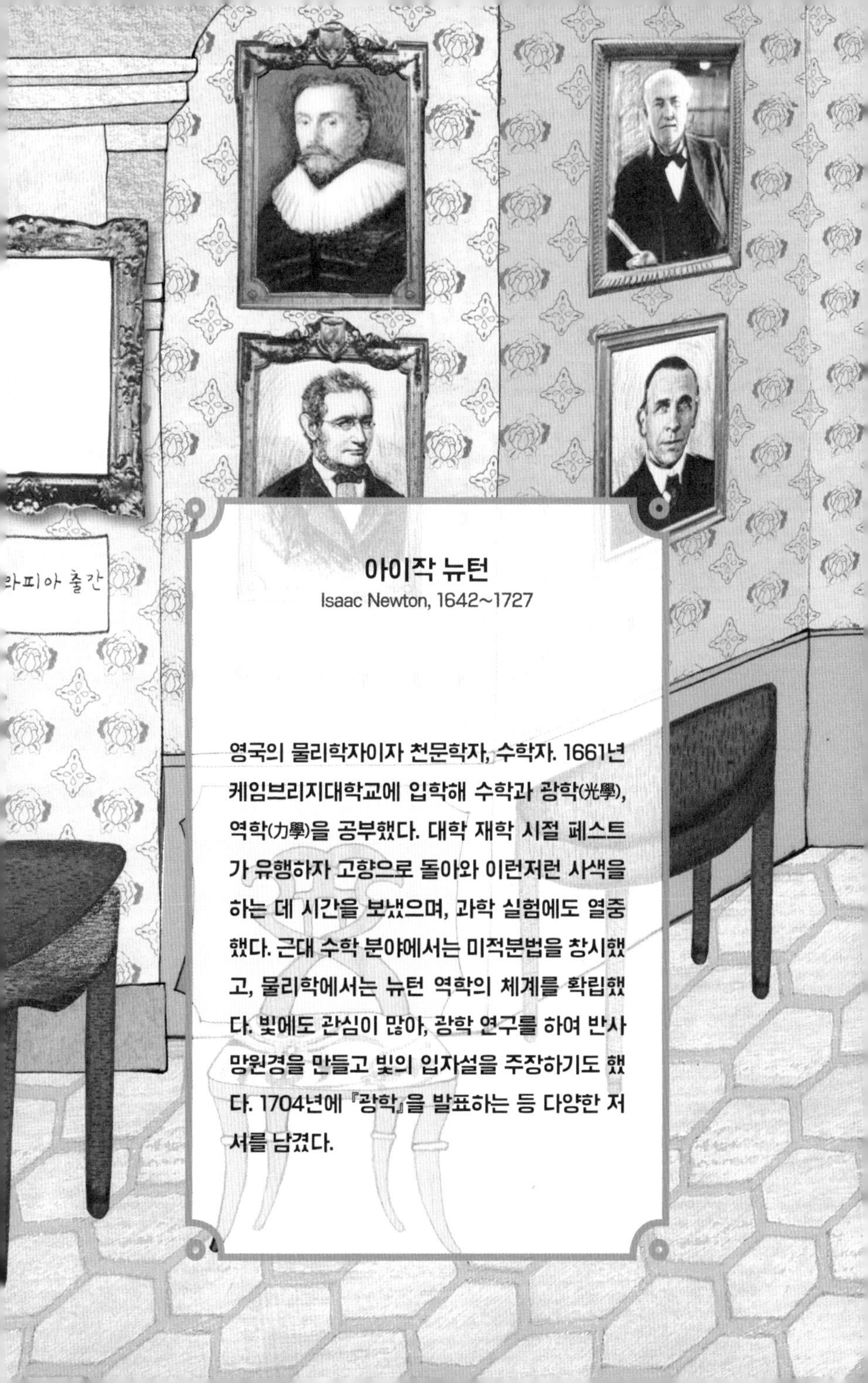

아이작 뉴턴

Isaac Newton, 1642~1727

영국의 물리학자이자 천문학자, 수학자. 1661년 케임브리지대학교에 입학해 수학과 광학(光學), 역학(力學)을 공부했다. 대학 재학 시절 페스트가 유행하자 고향으로 돌아와 이런저런 사색을 하는 데 시간을 보냈으며, 과학 실험에도 열중했다. 근대 수학 분야에서는 미적분법을 창시했고, 물리학에서는 뉴턴 역학의 체계를 확립했다. 빛에도 관심이 많아, 광학 연구를 하여 반사망원경을 만들고 빛의 입자설을 주장하기도 했다. 1704년에 『광학』을 발표하는 등 다양한 저서를 남겼다.

뉴턴, 너는 틀렸다니까!

미래와 우주는 마차에서 내려 주변을 두리번거렸다. 건너편 하늘에 무지개가 뜬 것이 보였다. 둘은 무지개 아래 홀연히 나타난 낯선 카페를 향해 자신도 모르게 발걸음을 옮겼다. 나무로 된 카페 문 위에는 흐릿한 등 하나가 따듯한 빛을 내고 있었고, 그 아래 간판에는 "미스터리 과학 카페"라고 쓰여 있었다.

미스터리 과학 카페 안에 들어서니 벽에는 왕립학회[1] 초기에 활발히 활동한 과학자들의 초상화가 걸려 있었다. 익숙한 얼굴이 눈에 띄어 자세히 보니 아이작 뉴턴이라는 이름이 쓰여 있었다. 바로 옆의 액자는 텅 비어 있고, "1665년 『마이크로그라피아』 출간, 로버트 훅"이라는 글자가 적혀 있었다. 초상화 앞 테이블에는 두 남자가 앉아 있었다. 둘 중에 등이 구부정한 남자가 곱슬머리를 길게 내려뜨린 남자에게 무언가를 막 따져 묻는 중이었다.

"아무리 내가 미워도 그렇지, 어떻게 내 업적도 모자라 초상화까지 모조리 없애 버릴 수 있소? 내가 죽고 왕립학회장이 되고 나서 초상화를 다 없앴다는 사실 알고 있소. 뉴턴, 당신이 어떻게 그럴 수 있지? 당신 때문에 후세 사람들이 내 얼굴을 모르게 됐잖소!"

로버트 훅Robert Hooke, 1635~1703인 것 같았다. 그는 뉴턴에게 무언가 단

1 1660년 영국에서 설립된 자연과학학회. 알베르트 아인슈타인, 아이작 뉴턴, 벤저민 프랭클린, 찰스 다윈, 제임스 와트, 마이클 패러데이 등이 왕립학회의 회원이었다.

단히 화가 난 모양이었다. 그런데 뉴턴 역시 할 말이 많아 보였다.

"허허, 훅! 그러게 왜 내 주장에 사사건건 반대를 했소? 당신에게 비난받기 싫어서 난 연구 결과도 제대로 발표할 수 없었소. 당신이 죽기 전까지는 말이오. 나는 정말 당신이 미웠소!"

미래와 우주는 뭔가 악연으로 얽힌 듯한 두 남자를 번갈아 살펴보느라 정신이 없었다.

등이 굽은 로버트 훅이 다시 따져 묻기 시작했다.

"내가 미웠다고? 내가 당신의 프리즘(광선을 굴절·분산시킬 때 쓰는, 유리나 수정 따위로 된 다면체의 광학 부품) 실험을 인정해 주지 않아서인가? 내가 보기엔 그건 독창적이지만 이론적으로 맞지 않는 실험에 불과했어. 빛이 입자라는 하나의 가설을 억지로 만들어서 꿰어 맞춘 것처럼 보였지. 흰빛(백색광)에 여러 색의 입자가 섞여 있다고 주장하다니, 초짜였던 자네가 뭘 안다고! 내가 말했잖은가? 빛은 입자가 아니라 파동이라고!"

"나는 보이는 대로 관찰하고 그것을 해석했을 뿐이오. 가설에 꿰어 맞춘 게 아니라고 몇 번을 말해야 알겠소! 당신들 주장처럼 빛을 하나의 파동으로만 보면, 프리즘을 통해 빛이 나뉘는 현상이 설명되지 않는단 말이오!"

미래와 우주는 대체 누구 말이 맞는지 헷갈리기 시작했다. 그러는 사이 곱슬머리를 길게 늘어뜨린 뉴턴이 미래와 우주에게 다가와 말을 건넸다.

"저자는 죽은 뒤에도 여전하군. 다시 보기도 싫은 사람인데 어쩌다 여기서 또 마주쳤을까? 차라리 벽에 대고 이야기하는 게 낫지."

"뉴턴 씨, 그럼 벽 대신 우리에게 이야기해 주세요! 프리즘 실험 이야기 말이에요."

"오, 그래! 여기 앉아 보렴."

만유인력을 발견한 과학자, 빛을 연구하다

"나는 만유인력의 법칙을 발견해 1687년 『프린키피아(principia)』라는 책을 썼고, 미적분학도 발견했다네. 질량을 갖는 모든 물체에 인력이 작용한다는 '만유인력'에 대해서는 여러분도 들어 봤을 거야.

그런데 사실 평소 내가 가장 좋아하는 주제는 '빛'이었어. 빛은 과연 무엇일까? 우리는 어떤 원리로 사물을 볼 수 있는 걸까? 이런 질문들이 머릿속을 맴돌았지만 확실한 답을 구하기는 어려웠지. 내가 살던 시대에 데카르트René Descartes, 1596~1650를 비롯한 대부분의 학자들은 빛이 사물에 닿으면 변해서 색이 된다고 생각하고 있었어. 예를 들어 사과가 빨갛게 보이는 이유는 사과가 갖고 있는 고유한 색깔 때문이 아니라, 빛이 사과 표면을 거치면서 특정한 변형이 일어난 채로 우리 눈에 도달하기 때문이라는 거지. 즉, 사물 자체에는 원래 색이 없다는 거야. 그게 정말일까? 나는 확인하고 싶은 나머지, 빛과 색의 관계가 너무도 궁금해서 뜨개질바늘로 내 눈을 직접 눌러 보기도 했어. 혹시 안구에 압력을 가하면 다른 색으로 보이지 않을까 하는 생각에서 였지.

내가 빛에 대해 본격적인 연구를 하게 된 것은 유럽 전역에 번진 페스트로 인해 대학이 폐쇄되면서부터였어. 졸지에 대학에서 공부할 수 없게 된 나는 고향으로 내려왔다네. 그때부터 종종 어두운 방 안에 틀어박혀 프리즘에 빛을 비춰 보곤 했지. 방 안에 작게 뚫어 놓은 구멍을 통해 들어온 흰빛은 프리즘을 통과해 일곱 가지 색의 긴 띠로 퍼졌어. 난 흰빛이 여러 색의 긴 띠로 변한 이유를 생각하다가 빛의 중요한 성질을 깨닫게 됐지. 그리고 그 생각이 맞는지 확인하려고 결정적 실험인 '이중 프리즘 실험'을 고안하게 되었단다. 아, 여기서 '결정적 실험'이란 대립되는 두 개의 가설이나 일반적인 가설의 참과 거짓을 결정하기에 충분한 실험을 말한단다.

결정적 실험 이야기를 하기 전에 다시 데카르트에 대해 말해야겠구나. 사실 데카르트는 나보다 먼저 프리즘 실험을 했어. 그는 프리즘에 흰빛을 통과시킨 뒤, 5cm 정도 떨어진 위치에 종이를 갖다 대고 결과를 관찰했지. 그랬더니 종이에 빨간색 점과 파란색 점이 나타났다고 해. 그는 그것이 프리즘의 재질 때문이라고 생각했어. 빛이 프리즘이라는 매질(어떤 파동 또는 물리적 작용을 한 곳에서 다른 곳으로 옮겨 주는 매개물)을 통과하는 과정에서 두 가지 형태로 변형돼 각각 다른 색깔로 보이게 됐다는 거야.

나는 이러한 데카르트의 생각에 의문을 갖고 있었기 때문에 더 정교한 실험을 해 보기로 마음먹었어. 데카르트가 사용한 것보다 성능이 좋은 프리즘을 구해서 빛을 통과시켜 보았지. 그리고 빛이 나아가는 거리도 훨씬 길게 늘려 6.6m 떨어진 벽에 비추었어. 그랬더니 데카르트의 실험과는 달리 일곱 가지 색의 긴 띠가 나타나더군. 그 결과에 대해 곰곰이 생각하다가 이런 결론을 내렸어. 흰빛에는 원래 여러 종류의 빛이 섞여 있었고, 그것들이 프리즘을 통과하면서 각기 다른 각도로 굴절한 결과 여러 가지 색이 나타난 것이라고 말이야. 빨간색은 빛이 가장 적게 굴절돼 나타난 색, 보라색은 빛이 가장 많이 굴절돼 나타난 색, 나머지 색들은 그 사이에서 각기 다른 굴절각으로 꺾여 나타난 색이라고 본 거지.

당시 과학자들은 빛을 한 종류의 물질이 진동하는 파동이라고 주장했지만, 나는 빛이 한 종류로 이뤄진 것(단일광)이 아니라 여러 종류가 섞인 것(혼합광)이라고 확신했어. 나는 이 사실을 왕립학회에서 발표할 계획을 세우는 한편, 다른 과학자들을 설득시키기 위한 비장의 실험을 고안했지. 그것이 앞서 말한 '이중 프리즘 실험'이지.

자, 그럼 내가 했던 실험 내용을 소개해 줄게. 이것은 내가 앞에서 말한 실험에 프리즘 하나를 더 두어 설계한 거야. 앞서 말한 것처럼, 흰빛이 첫 번째 프리즘을 통과하면 무지개 색 긴 띠가 되어 판자에 맺혀. 그런데 여기서 더 나아가 무지개 색 띠가 맺힌 판자에 작은 구멍을 뚫어 특정 색깔 빛만 두 번째 프리즘에 통과시키면, 더 이상 무지개 색이 나타나지 않지. 판자 구멍의 위치를 옮겨 다른 색 빛을 두 번

째 프리즘에 통과시켜 봐도 결과는 같아. 즉 노란색 빛은 프리즘에 다시 통과시켜도 노란색 빛이고, 파란색 빛은 프리즘에 다시 통과시켜도 파란색 빛이니, 빛의 색은 절대 바뀌지 않는 거야. 또한 빨간색 빛은 덜 굴절되고 파란색 빛은 더 굴절되는 식으로 각 색깔의 빛마다 프리즘을 통해 굴절되는 정도가 일정하게 나타난단다.

나는 이 실험을 통해 빛이 입자로 되어 있으며, 각기 다른 성질의 빛이 섞여 있는 것이라고 결론을 내리게 되었어. 1672년에는 왕립학회 회원들 앞에서 이 실험을 보여 주었지. 하지만 빛이 파동이라고 주장하는 과학자들에게 밀려 비난을 받았단다. 그 뒤에도 논란은 계속되었어. 그때 나를 거세게 비난했던 사람이 바로 로버트 훅이야. 나는 그가 세상을 떠나고 나서야 나의 빛 이론을 담은 책 『광학』을 발표할 수 있었단다."

"아, 그런 사연이 있었군요. 그렇다면 훅 씨의 주장이 맞을까요, 뉴턴 씨의 주장이 맞을까요?"

우주는 고개를 갸우뚱하며 물었다.

"글쎄다. 내가 죽은 뒤의 이야기는 너희들에게 물어봐야 할 것 같구나. 찾아보고 알려 주겠니?"

미래와 우주는 뉴턴에게 고개를 끄덕인 뒤 조심스럽게 카페 문을 열고 나왔다.

미래와 우주는 얼떨떨한 채로 자료 조사를 시작했다. 한참을 공부한 뒤 찾아낸 결론은 훅과 뉴턴 둘 다 맞았다는 것이었다. 물론 정확히 알기는 어려웠다. 어쨌든 미래와 우주는 자신이 이해할 수 있는 데까지 정리해 편지를 써서 미스터리 카페로 보냈다.

뉴턴 씨! 프리즘이나 무지개는 어렸을 때부터 많이 봐 왔어요. 너무 익숙해서 그런지 그 원리까지 고민해 볼 생각은 평소에 하지 못했죠. 익숙하게만 여겨 온 것에 빛의 입자적 성질이라는 비밀이 숨어 있다는 것은 뉴턴 씨를 만나고 온 뒤에야 깨닫게

되었습니다.
뉴턴 씨가 말씀하셨다시피, 당시에는 빛을 파동이라고 주장하는 사람들의 입김이 셌죠. 하지만 당신이 과학에 워낙 큰 업적을 남긴 덕분에, 당신 사후에는 빛이 입자라는 주장을 받아들인 사람이 훨씬 많았어요.
그러다가 1801년 영국의 의사이자 물리학자인 토머스 영Thomas Young, 1773~1829은 빛이 파동이라고 주장하여 사람들을 깜짝 놀라게 했어요. 그는 기다랗고 얇은 두 줄의 구멍이 나 있는 '이중 슬릿'이라는 장치에 빛을 통과시킨 뒤, 뒤쪽 벽에 어떤 무늬가 생기는지 살폈죠. 만약 빛이 입자라면 통과할 수 있는 구멍이 두 줄뿐이니, 슬릿의 뒤쪽 벽에는 두 개의 무늬만이 생겨야 해요. 그런데 실험 결과, 뒤쪽 벽에 무늬가 여러 개 나타났답니다. 빛의 파동이 서로 만나면서 밝고 어두운 무늬가 생긴 건데요. 토머스 영은 이 무늬를 통해 빛이 입자가 아니라 파동임을 증명해 냈다고 해요.
그런데 1905년, 독일 태생의 물리학자 아인슈타인Albert Einstein, 1879~1955이 광전효과에 관한 논문을 내놓으면서 또 한 번 반전이 일어났어요. 광전효과는 금속에 빛을 쪼였을 때 전자가 튀어나오는 현상이고, 이것이 빛이 입자임을 보여 준 증거라고 하는데 사실 이해가 잘 되진 않아요. 그 뒤 20여 년 뒤부터 과학자들은 빛이 '파동'으로서의 성질과 '입자'로서의 성질을 모두 가진다고 말하고 있어요. 마치 로마신화에 나오는 두 얼굴의

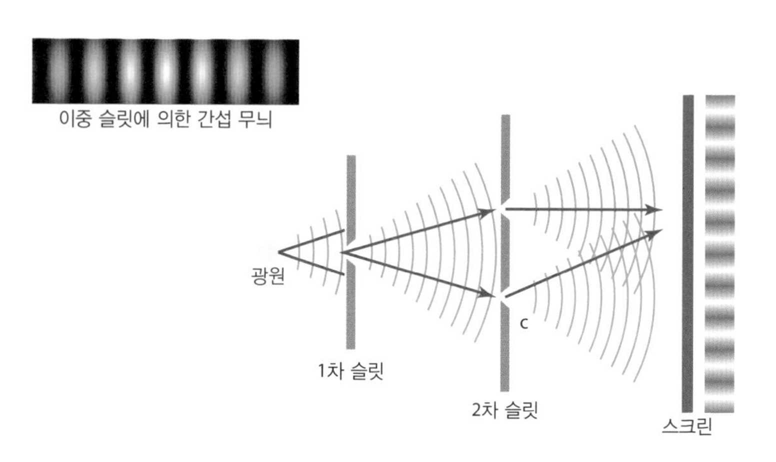

신, 야누스처럼 말이죠.
빛이 입자인지 파동인지를 구별하는 게 왜 중요한지는 아직 잘 모르겠어요. 하지만 이것은 알고 있어요. 우리가 보는 빛에 빨간색부터 보라색까지 파장이 다른 여러 가지 빛이 섞여 있고, 적외선이나 자외선, 엑스선처럼 우리 눈에 보이지 않는 빛도 있다는 것. 그리고 이 빛들이 일상에서 우리가 활동하는 데 큰 도움을 준다는 것을요. 빛은 우리가 사물을 볼 수 있게 할 뿐만 아니라, 눈에 보이지 않는 경우라도 의료나 통신기기에 쓰여 우리의 건강한 생활과 자유로운 소통을 돕고 있어요.
뉴턴 씨 덕분에 빛의 다양한 이모저모를 살필 수 있었어요.
정말 감사합니다!

빛의 굴절

빛의 굴절이란 직진하던 빛의 진행 방향이 물질의 경계면에서 꺾이는 현상을 말한다. 이 같은 현상이 발생하는 이유는 어떤 물질(매질)을 통과하느냐에 따라 빛의 진행 속도가 다르기 때문이다. 가령 물이 든 컵에 꽂은 빨대가 수면 위에서 꺾여 보이는 이유는 공기 속을 지나온 빛의 속도가 물속을 지나가면서 다소 느려지기 때문이다.

빛의 분산

뉴턴이 프리즘 실험에서 관찰했듯이 빛이 여러 가지 색깔로 나누어지는 현상을 '빛의 분산' 또는 '빛의 분해'라고 한다. 빛은 한 물질에서 다른 물질로 지나갈 때 굴절하는데, 빛의 색깔에 따라 각도가 다양하다. 프리즘을 통과하는 빛 가운데 꺾이는 정도가 가장 작은 것은 빨간색으로 나타나고, 꺾이는 정도가 가장 큰 것은 보라색으로 나타난다. 흰빛이 프리즘이나 물방울과 같은 물질을 통과한 뒤에 나타나는 여러 색의 띠를 '빛의 스펙트럼'이라고 한다.

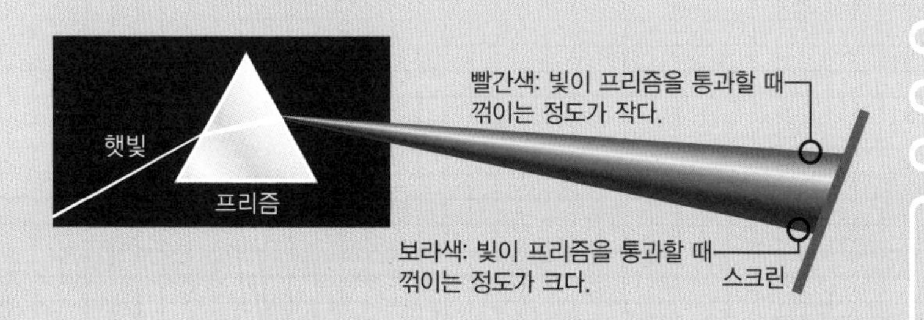

02

E=*mv*라고? 뉴턴은 틀렸다!
- 에밀리 뒤 샤틀레, 뉴턴의 오류 수정

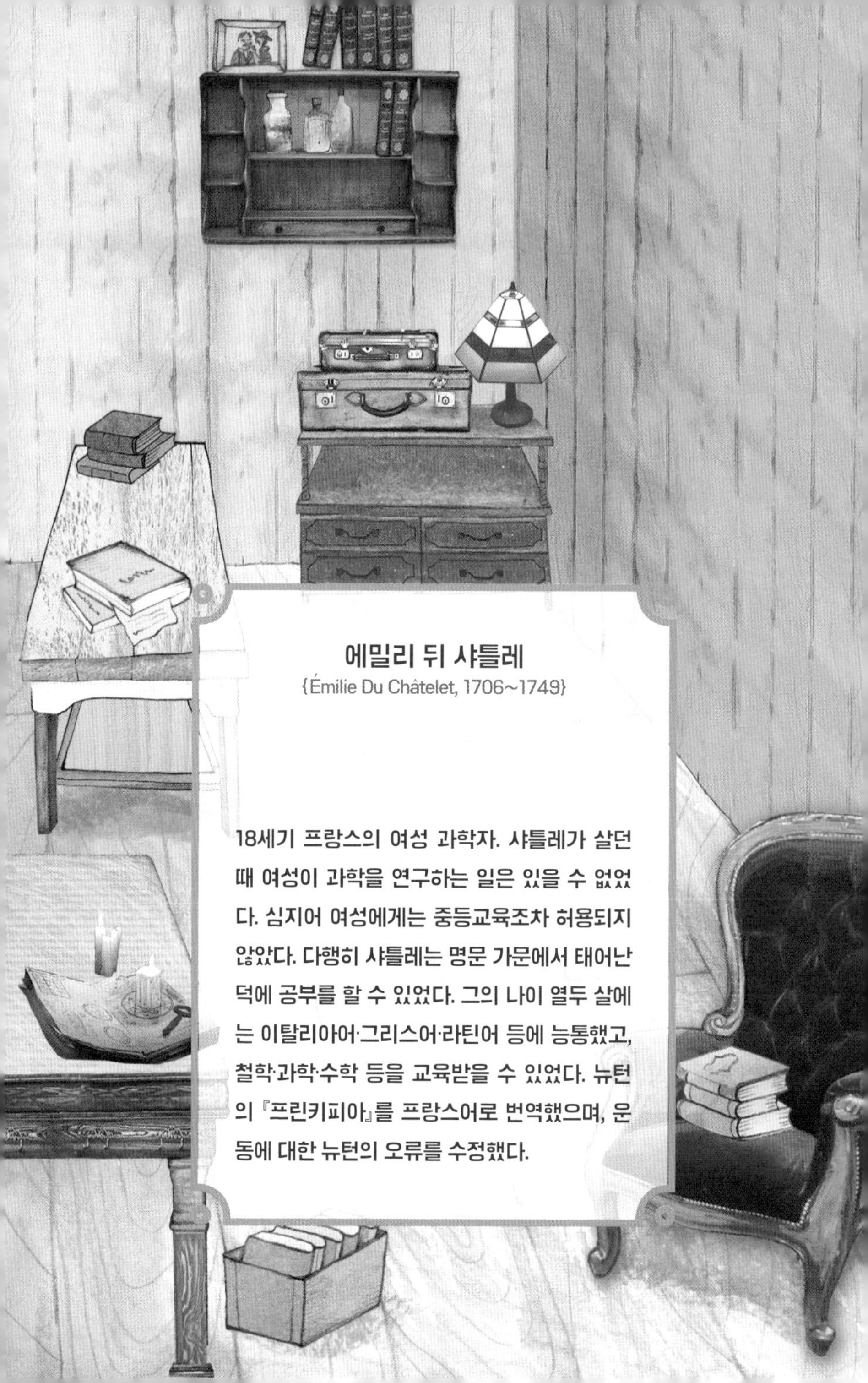

에밀리 뒤 샤틀레

{Émilie Du Châtelet, 1706~1749}

18세기 프랑스의 여성 과학자. 샤틀레가 살던 때 여성이 과학을 연구하는 일은 있을 수 없었다. 심지어 여성에게는 중등교육조차 허용되지 않았다. 다행히 샤틀레는 명문 가문에서 태어난 덕에 공부를 할 수 있었다. 그의 나이 열두 살에는 이탈리아어·그리스어·라틴어 등에 능통했고, 철학·과학·수학 등을 교육받을 수 있었다. 뉴턴의 『프린키피아』를 프랑스어로 번역했으며, 운동에 대한 뉴턴의 오류를 수정했다.

편지를 쓰는 대단한 여인

뉴턴을 만나고 나서 미래와 우주의 머릿속엔 온통 미스터리 과학 카페뿐이었다. 미래와 우주는 카페에 갈 그날만을 손꼽아 기다리게 되었다. 그리고 며칠 뒤, 어김없이 마차가 도착했다. 마차는 우주와 미래를 1737년의 프랑스 변두리에 있는 시레이성 앞에 데려다 놓았다. 마부가 말했다.

"이번에는 카페가 아니라, 대단한 부인을 만나러 성으로 바로 갈 겁니다."

"부인이요?"

"네. 샤틀레 부인이 낡은 성을 고쳐서 실험실을 차렸다고 합니다. 사람들은 저 성에서 무슨 일이 벌어지는지 궁금한가 봅니다. 저 성에 손님으로 와서 몇 달씩 엿보다가 간 귀부인도 있었다죠. 그뿐만이 아닙니다. 파리 사람들은 샤틀레 부인의 편지를 손꼽아 기다린답니다. 부인의 편지는 인기가 많아서 신문처럼 인쇄해서 돌려 볼 정도죠."

마부는 말을 채찍질하여 왔던 길로 되돌아갔다. 미래와 우주는 덩그러니 남겨졌다. 둘은 좌우로 긴 시레이성을 잠시 바라보다가 입구로 성큼성큼 걸어들어갔다.

방문은 열려 있었다. 망원경과 온도계들이 탁자 위에 흐트러져 있는 것이 보였다. 그 방은 마부가 말한 실험실 같았다. 미래와 우주가 가만히 실험실을 엿보고 있는데, 다른 쪽에서 소리가 들렸다. 둘은 소리가 나는 곳으로 발걸음을 옮겼다. 그곳에는 눈에 잘 띄지 않는 비밀스러운 방이 있었다. 거기 연구에 열중한 여인이 있었는데, 샤틀레 같았다. 샤틀레 부인은 책에 무언가를 열심히 쓰다가 탄식을 내뱉었다.

"오, 뉴턴! 이건 아무래도 당신이 틀렸어!"

"뉴턴이 틀렸다고?"

미래는 자기도 모르게 부인의 말을 작은 목소리로 따라 했다. 인기척을 알아챈 샤틀레 부인이 고개를 들어 말을 건넸다.

"미스터리 과학 카페에서 어린 손님이 올 거라고 들었는데, 너희인가 보구나!"

"네, 300년 뒤의 미래에서 왔어요. 샤틀레 씨, 뭘 쓰고 계셨어요? 저 서류와 책들은…."

"이 책은 뉴턴이 쓴 『프린키피아』이고, 저건 라이프니츠Gottfried Leibniz, 1646~1716의 책이란다."

샤틀레는 『프린키피아』를 어루만지며 이야기를 시작했다.

위대한 발견을 한 여성 과학자

"며칠 뒤 파리 과학아카데미[1]가 주최하는 논문 공모 대회가 마감되거든. 난 여기 반드시 응모해서 내 진짜 실력을 만방에 알리고 싶어.

1 르네상스 시기부터 18세기에 이르는 과학혁명기 동안, 과학의 연구와 보급을 위해 유럽 각지에서 조직된 과학 단체를 일컫는 명칭.

그래서 열심히 논문을 쓰는 중이지. 하지만 만만치 않구나. 논문을 쓰려면 실험을 해 보아야 하는데, 실험실을 볼테르Voltaire, 1694~1778에게 빼앗겨 버렸거든."

"볼테르요? 어디서 많이 들어 본 이름인데…"

볼테르가 프랑스 계몽주의[2] 사상가로 오늘날까지도 유명하다는 사실은 우주와 미래 모두 알지 못했다.

"볼테르는 이미 유럽 전체에 이름을 떨치고 있는 작가인데도, 과학자의 명성마저 얻고 싶은가 봐. 이번 공모 대회에 볼테르도 논문을 내겠다며 실험에 한창이지. 볼테르는 내가 논문을 쓰고 있다는 사실을 아직 몰라. 그는 내 학문적 동지이자 애인이지만, 질투가 많거든. 그래서 난 낮에는 그의 실험을 돕다가 밤에 몰래 잠을 줄여 가며 글을 쓰고 있단다.

내 논문의 제목은 '불의 본질과 확산에 관하여'인데, 빛 에너지를 주제로 삼고 있어. 이번 논문 대회 주제가 '열, 빛, 불의 본질과 그 전파에 관한' 것이라, 내 논문 주제도 여기에 맞췄지. 너희도 알다시피 빛에는 여러 가지 색깔의 빛이 있잖아. 뉴턴의 프리즘 실험을 안다면 쉽게 이해할 수 있을 거야. 백색광을 프리즘에 통과시키면 여러 가지 색의 빛으로 나뉘고, 그 빛들을 다시 모으면 백색광이 된다는 사실을 말이야.

2 인류의 이성과 무한한 진보를 믿으며, 기존의 질서를 타파하고 사회를 개혁하는 데 목적을 두었던 시대적인 사조.

나는 여기서 더 나아가서, 빛에 질량이 없다고 생각해. 만약 빛에 무게가 있다면 어떨까? 그렇게 빠른 빛이 멀리서부터 와서 어떤 물체에 닿게 되면, 그 물체는 충격을 심하게 받아 형체도 없이 사라지게 될 거야. 그러니 빛에 무게가 있다고 생각하긴 힘들어. 하지만 태양 빛이 지구를 데울 정도로 커다란 힘(에너지)을 가졌다는 것은 너무도 확실하지. 그렇다면 나는 뉴턴이 발견한 여러 가지 색깔의 빛에 그 커다란 힘 또는 열이 들어 있을 수도 있다는 생각이 들었지. 나는 서로 다른 색깔의 빛은 서로 다른 양의 에너지를 가지고 있을 것이라고 생각했어. 어쩌면 프리즘으로 나뉘는 빛들 중 빨간색 바깥에 더 많은 양의 에너지를 가진, 눈에 안 보이는 빛이 있을 수도 있어!"

샤틀레는 계속해서 말을 이었다.

"아, 실험실을 마음대로 쓸 수 있다면 얼마나 좋을까? 볼테르가 들여놓은 최신 온도계들을 이용하면 당장이라도 내 가설을 입증할 수 있을 텐데 말이야. 하지만 어쩔 수 없어. 프리즘으로 빛을 분산하려면 햇빛이 비치는 대낮에 해야 하고, 방을 온통 가린 채 창에 작은 구멍만 내야 하지. 그럼 볼테르에게 들킬 게 뻔하니 실험실을 몰래 쓸 수가 없어. 어쩔 수 없이 이론만이라도 정리해서 제출하려고 해. 이번에 내 논문이 채택된다면, 나는 비록 여성이지만 과학자로 인정받게 되지 않을까?"

샤틀레는 여성으로서 과학 연구를 하는 것이 당시 얼마나 어려운 일인지 이야기해 주었다. 지금으로부터 약 300년 전에는 여성에게 배

움의 기회가 허용되지 않았지만, 샤틀레는 달랐다. 아버지의 지원 덕분에 어렸을 때부터 책을 마음껏 보았고, 최신 지식을 나누는 어른들의 토론 자리에도 거리낌 없이 참여할 수 있었다. 그럼에도 불구하고 정식 교육은 받을 수 없었고 혼자 여러 책과 논문들을 보며 지식을 넓혀야만 했다. 성인이 되어서는 과학자인 남성과 교제하기도 하고 지식인들이 모이는 카페에 남장을 한 채 드나들기도 했다. 그러나 여전히 여성이 과학자로 인정받는 것은 금기시되었다.

뉴턴은 나의 우상, 하지만 $E=mv$가 아니라 $E=mv^2$이야!

"이곳 프랑스에서 뉴턴의 인기는 라이프니츠만 못하지만, 나는 정말 뉴턴을 좋아해. 그의 책 『프린키피아』를 얼마나 읽고 또 읽었는지 몰라. 프랑스에서 나만큼 뉴턴을 연구한 뉴턴 전문가는 없을걸. 나는 『프린키피아』의 번역서를 낼 거야. 그동안 내가 연구한 내용도 함께 넣어서 주석을 달고 말이야. 뉴턴은 정말 대단한 사람이야. 나의 이번 논문도 뉴턴의 실험에서 영감을 얻었지.

그런데 말이야, 뉴턴은 참 많은 것을 해냈지만 미처 생각지 못한 게 있는 것 같아. 뉴턴은 운동에너지(E)가 질량(m)과 속도(v)의 곱에 비례한다고 했지만, 내가 보기엔 그렇지 않아. 이 부분에 대해서는 라이프니츠가 다른 주장을 펼쳤는데, 그의 말을 참고할 필요가 있다고 생각해. 라이프니츠의 주장은 다소 형이상학적이라 자세한 설명은 생략

할게. 쉽게 말하면, 나는 라이프니츠의 주장을 참고해서 에너지는 속도에 비례하는 게 아니라 속도의 제곱에 비례한다고 생각하게 됐어. 식으로 정리하면 $E=mv^2$[3]이지.

마침 얼마 전 네덜란드의 법률가 스흐라베산더가 실험을 했는데, 그 실험 결과도 내가 생각한 것과 같더군. 스흐라베산더는 사람 키 정도 높이의 탑 꼭대기에서 청동으로 만든 작은 공을 수직으로 떨어뜨렸어. 그 아래에는 말랑말랑한 점토가 깔려 있었지. 떨어진 공은 말랑한 점토 속을 파고들었어. 그런데 공을 떨어뜨리는 높이가 높을수록 공이 점토를 파고드는 깊이는 깊어졌어. 이때 공의 속도가 2배 증가하면, 공이 파고드는 깊이는 4배가 되는 거야. 이를 통해 에너지가 속도의 제곱에 비례한다는 사실을 알 수 있었지."

"에너지가 속도의 제곱에 비례한다는 것은 학교에서 배운 적이 있어요. 20세기의 천재 과학자 아인슈타인의 유명한 공식에서도 본 적이 있는걸요. 아무래도 에밀리 씨의 생각이 맞는 것 같아요. 어쩌면 에너지에 관한 당신의 연구가 나중에 아인슈타인에게까지 영향을 미친 것은 아닐까요?"

"그래, 반가운 소식이구나. 운동과 속도 이야기는 잠시 미뤄 두고 나는 어서 빛과 열에 관한 논문을 끝내야겠어. 이 논문을 제출해서 꼭 인정받고 싶거든."

3 오늘날에 들어서 $E=\frac{1}{2}mv^2$이라는 사실이 밝혀졌다. 샤틀레의 발견은 에너지가 속도에 비례하는 것이 아니라, 속도의 제곱에 비례함을 알아냈다는 것에 있다.

"더 이상 방해하면 안 되겠군요. 이만 가 봐야겠어요."

"얘들아, 잠깐만! 내가 훗날에라도 인정받게 되는지, 사람들이 내 이름을 기억하는지 궁금해. 돌아가면 짧은 편지라도 보내 주겠니? 미스터리 과학 카페로 보내면 돼."

"그럼요, 샤틀레 씨. 걱정 마세요."

샤틀레 씨! 당신을 만나고 온 뒤, 우리는 여러 자료와 책을 찾아봤어요. 프랑스에서는 당신의 일생을 다룬 영화가 만들어진 적도 있다고 해요. 데이비드 보더니스라는 미국의 한 저술가는 당신이 볼테르와 교류했던 시기를 중심으로 당신의 일생에 대해 긴 이야기를 쓰기도 했죠.

당신은 당당하고, 자신이 원하는 것이 무엇인지 잘 알고, 또 원하는 것을 얻으려고 적극적으로 행동했던 분인 것 같아요.

하지만 당신의 이야기를 읽다가 문득 슬퍼지고는 했어요. 이렇게 재능이 많은데, 다른 과학자들처럼 연구를 자유롭게 하지 못했고, 논문도 숨어서 써야 했잖아요. 게다가 아이를 낳다가 목숨을 잃었다는 사실을 알았을 때는 정말 슬펐어요. 당시 의술로는 마흔이 넘은 나이에 아이를 갖는 것은 매우 위험한 일이었다고 해요.

당신은 늘 열심히 연구하는 사람이었더군요. 임신 중에도 잠을 줄여 가며 자료를 정리하고 글을 썼고, 죽기 전에는 뉴턴의 『프린키피아』와 관련된 책을 꼭 완성하고 싶어 했죠. 마침내 당신이 죽기 직전에 책이 완성되었어요. 샤틀레 씨가 쓴 책은 『샤틀레 부인에 의한 자연철학의 수학적 원리』라는 이름으로 사후에 출판되었답니다.

당신이 궁금해했던 것을 알려 드릴게요. 앞에 말씀드렸듯이 당신은 영화의 주인공이 되고, 책으로도 널리 알려졌어요. 그러니까 당신을 기억하는 사람이 매우 많은 것이죠. 하지만 샤틀레 씨가 과학자로서 충분히 인정을 받고 있는지는 잘 모르겠어요. 교과서에서 당신의 이름을 발견하기는 어렵거든요. 어쨌든 당신의 논문과 여러 편의 서신들이 후세까지 남아 있고, 또 당신의 책도 남아 있는 것은 분명해요. 아마 앞으로 당신의 과학적 발견을 알게 되는 사람들이 점점 많아질 것 같아요. 마음껏 실험하기 어려운 상황에서도 논리와 추론을 통해 과학적 발견을 해내는 것은 정말 위대한 일이잖아요?

뉴턴이 당신의 우상이었던 것처럼, 샤틀레 씨를 우상으로 여기는 아이들이 점점 늘어날 거예요. 미스터리 과학 카페가 이 편지를 잘 전달해 주길 바라며 이만 줄일게요.

과학책 열기

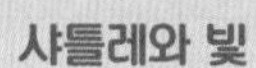

샤틀레와 빛

샤틀레는 빛과 열, 불에 대한 연구를 했다. 오로지 사고실험으로 실행된 이 연구에는 빛 속의 여러 빛깔에 커다란 에너지가 있다는 내용을 포함하고 있었다. 이 연구는 1738년에 과학아카데미에서 출간되었다. 이후 영국의 천문학자 허셜Friedrich Herschel, 1738~1822은 색과 온도의 관계를 알아보는 실험을 하던 중 우연히 적외선을 발견하게 되어 샤틀레의 생각을 입증하였다.

가시광선 · 적외선 · 자외선

빛에 프리즘을 통과시켰을 때 빨간색과 보라색 바깥쪽에는 빛이 없는 것일까? 그렇지 않다. 사실 가시광선(우리가 눈으로 볼 수 있는 영역의 빛)의 빨간색과 보라색 바깥쪽에도 보이지 않는 빛이 존재한다. 빨간색 바깥쪽에는 적외선이, 보라색 바깥쪽에는 자외선이 있으며, 자외선 바깥에는 X선·감마선이 존재한다. 가시광선만 볼 수 있는 사람과 달리, 새는 자외선을 볼 수 있고 뱀은 적외선을 볼 수 있다.

적외선은 가시광선보다 파장이 긴 빛이다. 적외선은 공업용·의료용·군사용 등으로 매우 다양하게 쓰인다. 자외선은 가시광선보다 파장이 짧은 빛으로, 사람의 피부를 태우거나 살균 작용을 한다. 자외선에 의해 광화학 반응이 일어나 오존(O_3)이 생성되기도 한다.

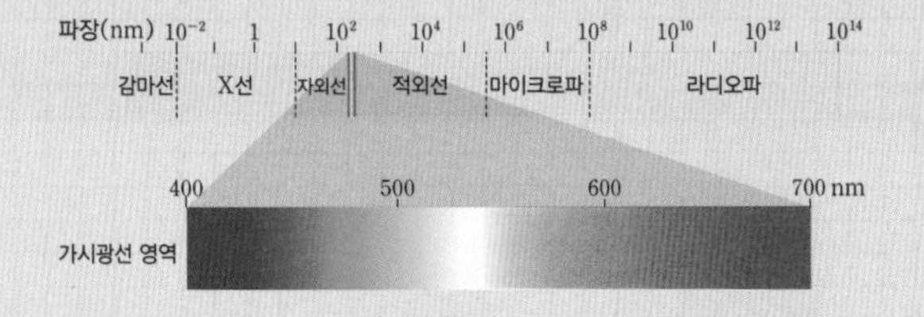

03

전기로 세상을 바꾼 과학자
- 마이클 패러데이, 전자기유도 발견

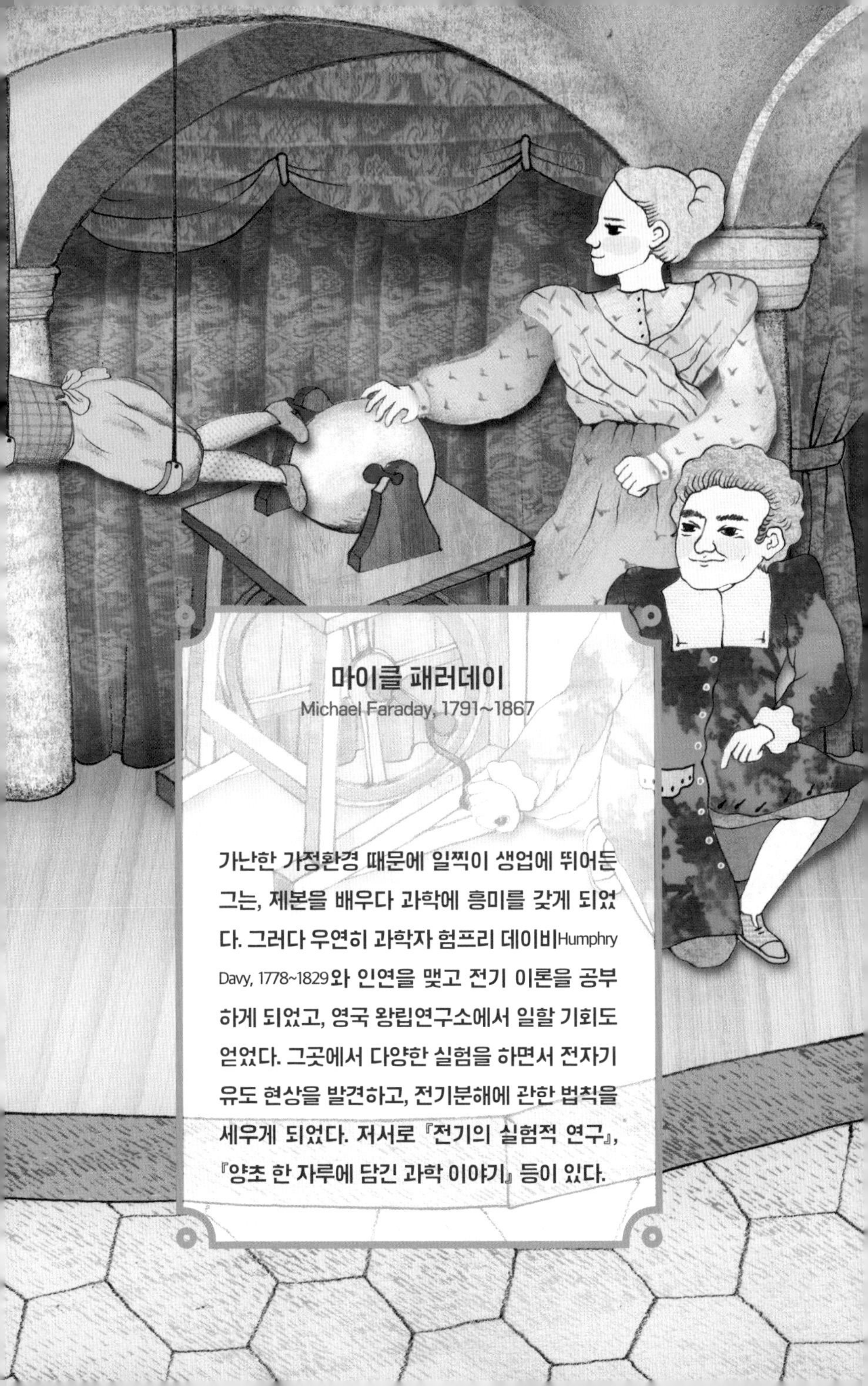

마이클 패러데이

Michael Faraday, 1791~1867

가난한 가정환경 때문에 일찍이 생업에 뛰어든 그는, 제본을 배우다 과학에 흥미를 갖게 되었다. 그러다 우연히 과학자 험프리 데이비Humphry Davy, 1778~1829와 인연을 맺고 전기 이론을 공부하게 되었고, 영국 왕립연구소에서 일할 기회도 얻었다. 그곳에서 다양한 실험을 하면서 전자기 유도 현상을 발견하고, 전기분해에 관한 법칙을 세우게 되었다. 저서로 『전기의 실험적 연구』, 『양초 한 자루에 담긴 과학 이야기』 등이 있다.

양초 한 자루에서 시작된 과학 강연

미래와 우주는 청소년 도서관 앞에서 열리는 가상현실 체험 이벤트에 참여하기로 했다.

둘은 줄을 선 지 한참 만에야 체험용 헤드셋을 써 볼 수 있었다. 헤드셋을 쓰자 하얗던 화면에 커다란 눈동자가 등장했다. 놀란 미래와 우주가 그곳을 응시했더니 그 커다란 눈 속으로 빨려 들어가는 듯한 느낌이 들었다. 미래와 우주는 어느새 나노 로봇이 된 것처럼 몸속을 여행하고 있었다. 그렇게 십 분쯤 지나자 현기증이 났다. 헤드셋을 벗고 바람을 쐬러 나왔더니, 어느새 미스터리 과학 카페 앞이 아닌가! 미래와 우주는 망설임 없이 카페에 들어섰다.

카페 안에는 어린 소년과 소녀가 무대 위에서 공연을 하고 있었다. 소년은 천장에서 내려온 밧줄에 매달려 바닥과 수평인 채로 떠 있고, 소녀는 그 옆에 서 있었다. 소년이 매달린 채 손을 뻗어 소녀의 손을 잡자, 곧바로 소녀는 찌릿하다는 몸짓을 보이며 다른 한 손을 종잇조각이 담긴 그릇 근처에 갖다 댔다. 그러자 종잇조각이 소녀의 손에 달라붙듯 떠올랐다. 대체 무슨 공연인지 미래와 우주가 어리둥절해하고 있던 그때, 한 남성이 다가와 말을 걸었다.

"저건 정전기 때문에 나타나는 현상이야. 소년의 몸이 유리구에 닿아 있지? 저 유리구는 전기를 띠고 있어. 유리구 옆에 있는 남자가 장치 손잡이를 돌려 유리구에 정전기를 띠게 하고 있지. 그 전기가 소년의 몸을 타고 다시 소녀에게로 가 종잇조각을 끌어당긴 거야."

"과학 실험인가요? 흥미롭긴 한데 마음이 편치는 않아요. 매달려 있는 소년이 힘들어 보여서요."

미래가 볼멘소리를 했다.

"오, 듣고 보니 그렇구나. 내가 살았던 시대는 전기에 대한 과학적인 발견이 막 시작되었던 때야. 이전까지 사람들은 양털 같은 걸 문질러 만든 정전기가 금방 흘러가 없어지는 모습만 보았거든. 그런데 어떤 과학자가 '레이던병'을 만들어 이러한 전기를 모으기 시작했어. 레이던병은 전기를 모으는 장치의 일종이지. 하여간 이 과학자 덕분에 찌릿찌릿한 감전 실험을 연출할 수 있게 됐어. 서커스처럼 보이는 저런 공연을 하며 돈벌이하는 사람들도 생겨났단다. 그전까지는 볼 수 없는 광경에 사람들은 모두 신기해했지."

"그 시절에는 어린아이들을 귀하게 여기지 않았나 봐요."

"모두가 그랬던 건 아니야. 나 같은 사람은 어린이를 위한 과학 강연을 따로 열기도 했어. 해마다 크리스마스에 강연이 열렸지."

"강연이요?"

"'양초 한 자루의 과학'이라는 강연이야. 배우지 못하여 꿈도 꾸지 못하는 어린이를 위해서 열었던 강연이란다. 나는 강의를 시작할 때, 과학을 공부하는 데 있어서 양초 한 자루의 물리 현상을 살펴보는 것보다 더 쉬운 방법은 없다고 말했지. 우리 주변의 과학 현상을 짚으며 쉽고 재미있게 과학에 대해 설명해 주고 싶었어. 며칠씩 이어진 릴레이 강연에 정말 많은 어린이들이 찾아와 주었단다."

"아! 생각해 보니 '양초 한 자루의 과학' 강연에 대해 책에서 읽어 봤던 것 같아요."

우주가 무릎을 탁 쳤다.

"날 기억해 주다니 고맙구나! 사실 내가 어린이를 위한 크리스마스 강연을 기획한 건 내가 과학자가 된 사연과 관련이 깊어. 지금부터 내가 어떻게 과학자가 되었고 어떤 연구를 했는지 들어 볼래?"

미래와 우주는 '양초 한 자루의 과학'보다도 재미있는 이야기가 펼쳐질 것 같아서 바로 고개를 끄덕였다.

찢어지게 가난했던 소년이 과학에 입문한 사연

"나는 18세기 영국 런던에서 대장장이의 아들로 태어났어. 집안 형편이 어려워 초등교육만 겨우 마치고, 열네 살 때부터 서적상이자 제본업자인 '조지 리바우'라는 사람 밑에서 일을 배웠지. 리바우는 신문을 싼값에 대여하는 사업도 하고 있었는데, 이때 배달하는 일을 내게 맡겼어. 손님이 신문을 다 읽고 나면 그걸 다음 손님들에게 차례차례 가져다주었지. 시간도 오래 걸리고 고달픈 나날이었어. 나는 서점 위층에 기거하면서 제본 일도 하게 됐어. 제본 일은 힘겨웠지만, 이곳에 있는 몇 년 동안은 틈날 때마다 책에 푹 빠져 지낼 수 있어서 좋았어. 나는 『브리태니커 백과사전』에서 '전기'에 관한 부분을 펼쳐 읽거나 과학책 보는 것을 좋아했지. 특히 마르셋Jane Marcet, 1769~1858 부인이 쓴 『화학과의 대화』는 내 돈으로 사서 읽고 또 읽을 정도로 아꼈던 책이야. 대화 형식으로 되어 있어 혼자 공부하기에 적당했고, 갖가지 과학 실험들이 잘 소개되어 있었지. 나는 이 책에 나오는 실험을 직접 따라 해 보면서 과학을 익혔어.

그렇다고 책에만 빠져 지낸 건 아니야. 당시에는 과학 강연회가 자주 열렸어. 벌이가 적은 내가 다니기엔 문턱이 높았지만, 아는 분들이 입장권을 얻어 줘서 종종 들으러 가곤 했지. 다녀온 뒤에는 강연 내용을 정리한 뒤 그림을 붙이고 내 제본 실력을 활용해 강연록을 만들었어. 그렇게 만든 강연록을 사람들에게 보여 줬더니 모두가 감탄하더군. 그저 과학이 좋아서 했던 일이었는데….

그런데 이 작은 행동이 얼마 안 가 운명적인 만남으로 이어졌어. 바로 험프리 데이비의 강연회 입장권을 얻게 된 거야. 데이비는 영국 왕립연구소의 젊은 소장이자 인기 있는 과학자였어. 새로운 기체를 몇 가지 발견했고, 특히 '웃음 가스'의 효과를 보여 주는 실험으로 유명해졌지. 너희는 웃음 가스가 뭔지 잘 모르겠구나. 마시면 얼굴 근육에 경련이 일어나서 웃는 표정이 되는 기체인데, 사실 이 웃음 가스의 정체는 '일산화이질소(N_2O)'란다.

어쨌든 나는 그의 강의를 들으면서 과학자가 되고픈 마음이 간절해졌어. 본격적으로 과학자의 꿈을 갖게 된 거야. 그래서 나는 강연 내용을 꼼꼼히 기록해 두었다가, 두꺼운 책으로 만들어 정성스럽게 제본해 그에게 보냈지. 어떤 일이라도 좋으니 연구소에서 일할 수 있게 해 달라는 편지도 함께 넣었어. 이것이 그의 마음을 움직였던 모양이야. 몇 달 뒤 연구소에서 사람이 한 명 해고되자 데이비가 나를 조수로 불렀고, 나는 드디어 과학자의 길에 들어설 수 있었단다.

나는 연구소에 가서도 하루에 몇십 건씩 실험을 하느라 눈코 뜰 새 없이 바빴어. 그 와중에 데이비를 따라 유럽에 가서 세계적으로 이름난 과학자들의 연구에 참여하는 행운을 얻기도 했지. 데이비가 유럽의 과학자들이 새로 발견한 물질에 '아이오딘'이라 이름 붙이는 순간을 목격했는가 하면, 화학전지를 발명한 볼타Alessandro Volta, 1745~1827를 만나 이야기를 나눴어. 나는 학문적으로 나날이 성장했지."

가난한 소년이 과학을 연구하게 되었다는 패러데이의 이야기는 한 편의 드라마 같았다.

패러데이, 전자기유도 현상을 발견하다

"그러던 어느 날, 연구소에서 덴마크의 물리학자 외르스테드Hans Christian Ørsted, 1777~1851의 연구를 글로 정리하라는 지시가 내려왔어. 그는 전류가 흐르는 도선 근처에서 나침반 바늘이 움직인다는 사실을 발견한 사람이야. 그는 자석의 성질을 지닌 나침반 바늘이 전선 근처에서 흔들리는 이유는 전류가 자기장을 만들어 내기 때문이라고 했어."

"자기장! 저 그게 뭔지 알고 있어요. 자석이나 전류 주위, 지구 표면처럼 자기(자석이 갖는 성질)의 작용이 미치는 공간을 말하잖아요."

우주는 오랜만에 아는 것이 나와서 신이 났다.

"그래, 맞아. 나는 그의 말이 맞는지 실험을 통해 확인하며 정리해 갔어. 그러다가 새로운 실험 아이디어가 떠올랐지. 외르스테드의 말처럼 전류가 자기장을 만들고, 그 자기장 때문에 자석이 움직인다면, 전선과 자석으로 서로를 회전시키는 장치('전자기 회전 장치', 모터의 최초 형태)를 만들 수도 있을 것이라고 생각했지.

난 얼른 실험을 시작했어. 스탠드 아래에 두 개의 컵을 놓고 전류가 잘 통하는 수은을 따라 두었어. 그러고는 각각의 컵에 자석을 넣고, 스탠드 양쪽에 전선을 매달았지.

이때 왼쪽과 오른쪽 컵의 상황이 서로 반대되도록 했어. 왼쪽 컵에

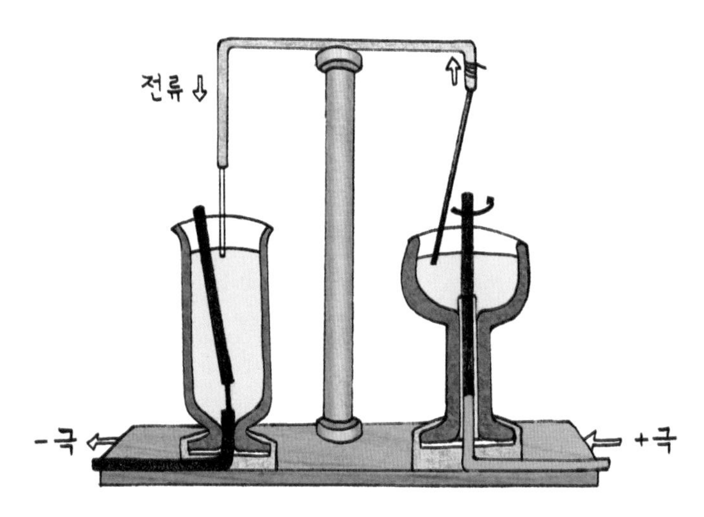

패러데이의 전자기 회전 실험

서는 자석을 고정시키지 않고 움직일 수 있게 했고, 컵 위에 늘어뜨린 전선은 고정시켰어. 반면에 오른쪽 컵에서는 자석을 바닥에 고정시키고, 컵 위에 늘어뜨린 전선은 움직일 수 있게 했지. 이렇게 한 뒤 양쪽 컵의 수은을 전지의 양극에 연결하여 전류를 흐르게 했단다. 자, 어떻게 됐을까? 왼쪽 컵에서는 자석이 회전하고, 오른쪽 컵에서는 전선이 회전했어. 전기와 자기가 서로에게 힘을 미쳐 회전하도록 영향을 준 거야. 나는 이 실험을 통해 전기와 자기의 상호작용을 확신하게 됐단다.

그런데 이 실험이 발표되자 나는 곤란한 상황에 놓이고 말았어. 데이비와 울러스턴William Wollaston, 1766~1828도 전선과 자석을 가지고 어떤 실험을 하려다 실패한 적이 있었는데, 그들이 날 보고 자신들의 아이디어를 베꼈다고 나선 거야. 물론 나중에는 아예 다른 실험임이 밝혀졌고 울러스턴도 이를 인정했지만, 이 일로 나는 한때 은인이었던 데이비와 서먹한 사이가 되고 말았지.

나는 연구를 계속 이어 갔어. 외르스테드의 발견 이후 과학자들은 전류가 자기장을 만들어 낸다면, 반대로 '자석이 전류를 만들어 낼 수도 있지 않을까?' 하는 의문을 가졌어. 그러나 10년이 지나도록 자석이 전류를 만드는 효과를 실제로 발견해 내진 못하고 있었지.

그러던 1931년, 나는 그 효과를 보여 줄 실험 장치를 하나 고안했어. 우선 철로 된 둥근 고리를 준비하고 이것을 절연(전기가 통하지 않게 한 것) 피복으로 감싼 구리 전선으로 촘촘하게 감았지. 이때 그림과 같이 두 부분으로 나누어 감았는데, 전지가 연결된 쪽은 자석 역할을 할 거야. 전류가 흐를 때만 자기를 띠고 전류를 끊으면 자성을 잃는 전자석이 될 예정이지. 그리고 전선이 끊겨 서로 단절된 상태인 오른쪽에는 검류계(매우 적은 전류나 전압을 검출하는 장치)를 연결했어. 자, 이제 전지를 연결해 왼쪽 전선에 전류를 흘리면 어떤 일이 벌어질까? 실험 결과 검류계의 바늘이 움직였어. 이것은 오른쪽 전선에 전류가 흘렀음을 알려 주는 신호야. 그렇다면 이 전류는 어디서 온 걸까? 난 왼쪽 전선에서 전류가 흐를 때 형성된 자기장(전지를 연결한 순간 고리 왼쪽 부분은 전자석 상태가 됨)이 오른쪽 전선에 영향을 주어서 이것이 전류를 일으켰다는 사실을 추론할 수 있었어. 즉 자석으로 전류를 만들어 낸 거야. 이것이 바로 '전자기유도' 현상이야. 내가 처음으로 전자기유도 현상을 발견한 것이지.

몇 달 뒤, 나는 사람들에게 보다 쉽게 설명하기 위해 더욱 단순한 실험 장치를 선보였어. 이번엔 속이 텅 빈 원통형 철심을 준비하고, 구

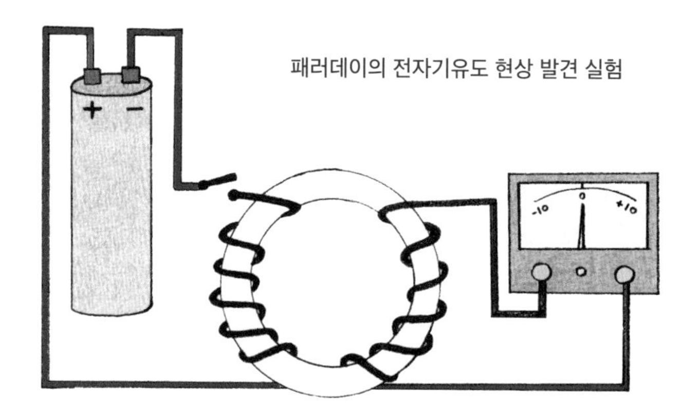

패러데이의 전자기유도 현상 발견 실험

리 전선으로 철심을 촘촘히 감은 뒤 검류계에 연결했어. 그런 다음 자석을 원통 안에 넣었다 뺐다 했더니 검류계의 바늘이 움직였지. 이를 통해 자석의 움직임만으로도 전류를 만들어 낼 수 있음을 보여 줬어."

패러데이는 발전기를 최초로 만든 사람이었다! 우주와 미래는 눈이 휘둥그레졌다.

"내가 연구소에서 시연하는 것을 보러 온 영국 수상이 '앞으로 이 장치가 어디에 쓰일 수 있겠나?' 하고 물은 일이 생각나는군. 그때 내 답이 뭐였냐면 '글쎄요, 잘은 모르겠으나 언젠가는 정부가 여기에 세금을 매길 날이 올 겁니다.'였어. 과연 내 예측은 맞았을까?

나는 사람들에게 과학을 쉽게 소개하는 일에도 관심이 많았어. 그래서 영국 왕립연구소의 책임자 자리에 오른 뒤에 금요일에 하는 정기 과학 강연회를 열었고, 특별히 어린이를 위해 해마다 크리스마스 강연을 열었단다. 미래의 아이들도 나처럼 과학을 동경하고 좋아할까? 내가 어떻게 기억될지 궁금하구나."

패러데이가 이야기를 마치자, 우주는 존경의 눈빛으로 말했다.

"우아, 패러데이 씨는 오늘날 전기에너지가 있게 한 분이었군요. 아까 양초 이야기를 하셨는데, 우리가 사는 시대에는 전기에너지로 양초 수백 개를 켠 것보다 훨씬 더 밝은 빛을 낼 수 있어요. 또 전기에너지를 쓰면 요금을 내는데, 그 안엔 세금이 포함되어 있죠. 그러니 패러데이 님의 예언이 맞았어요. 다른 건 우리가 더 알아보고 편지에 적어 보내 드릴게요."

패러데이 씨! 당신은 여러 분야에 훌륭한 연구 업적을 두루 남기셨더군요. 하지만 뭐니 뭐니 해도 최고는 전기와 자기에 관한 연구 같아요. 21세기에는 전기에너지 없는 삶을 하루도 상상할 수 없거든요. 아! 전등을 발명한 에디슨Thomas Edison, 1847~1931이라는 발명가가 있는데요. 그도 패러데이 씨처럼 정식 교육을 많이 받지 못했는데, 당신이 남긴 책과 기록을 읽으면서 과학을 쉽게 익히고, 그러면서 발명의 영감을 얻었다고 해요.
에디슨뿐이겠어요. 패러데이 씨는 다른 후배 과학자들과 과학에 관심 있는 평범한 사람에게도 영향을 주었을 거예요. 아니, 지금도 주고 있죠. 당신이 만든 크리스마스 과학 강연회는 오늘날까지 이어지고 있다고 해요. 정말 대단하죠? 저도 이번 기회에 당신의 강연 기록을 담은 『양초 한 자루에 담긴 과학 이야기』를 꼭 읽어 볼게요.

과학책 열기

전자기유도 현상

아래 그림과 같이 코일을 고정하고 자석을 움직이면 전류가 발생한다. 자석을 고정하고 코일을 움직일 때도 마찬가지이다. 코일 내부의 자기장과의 상호작용에 의해 코일에 전기가 흐르는데, 이러한 현상을 전자기유도 현상이라고 한다. 이때 코일에 흐르는 전류가 바로 유도전류이다. 코일의 감은 횟수가 많고, 자석의 세기가 강하고, 자석이 더욱 빠르게 움직일수록 유도전류가 강해진다.

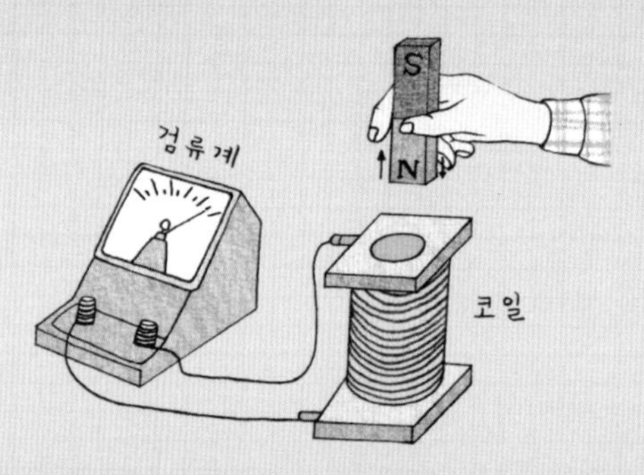

전동기와 발전기

전동기는 전기에너지를 역학적에너지로 전환시키는 장치이고, 발전기는 전자기유도에 의해 생긴 역학적에너지를 전기에너지로 전환시키는 장치이다. 서로 반대되는 장치지만 코일과 영구자석이 상호작용한다는 점에서 기본 구조가 같다. 이외에 수력발전 · 화력발전 · 풍력발전처럼 역학적에너지를 이용한 발전들은 각각 회전축이 돌아가는 방식이 달라도 발전기에서 전기를 생산하는 방식은 모두 같다.

04

열은 에너지가 맞다!

- 벤저민 톰프슨, 열운동론 발표

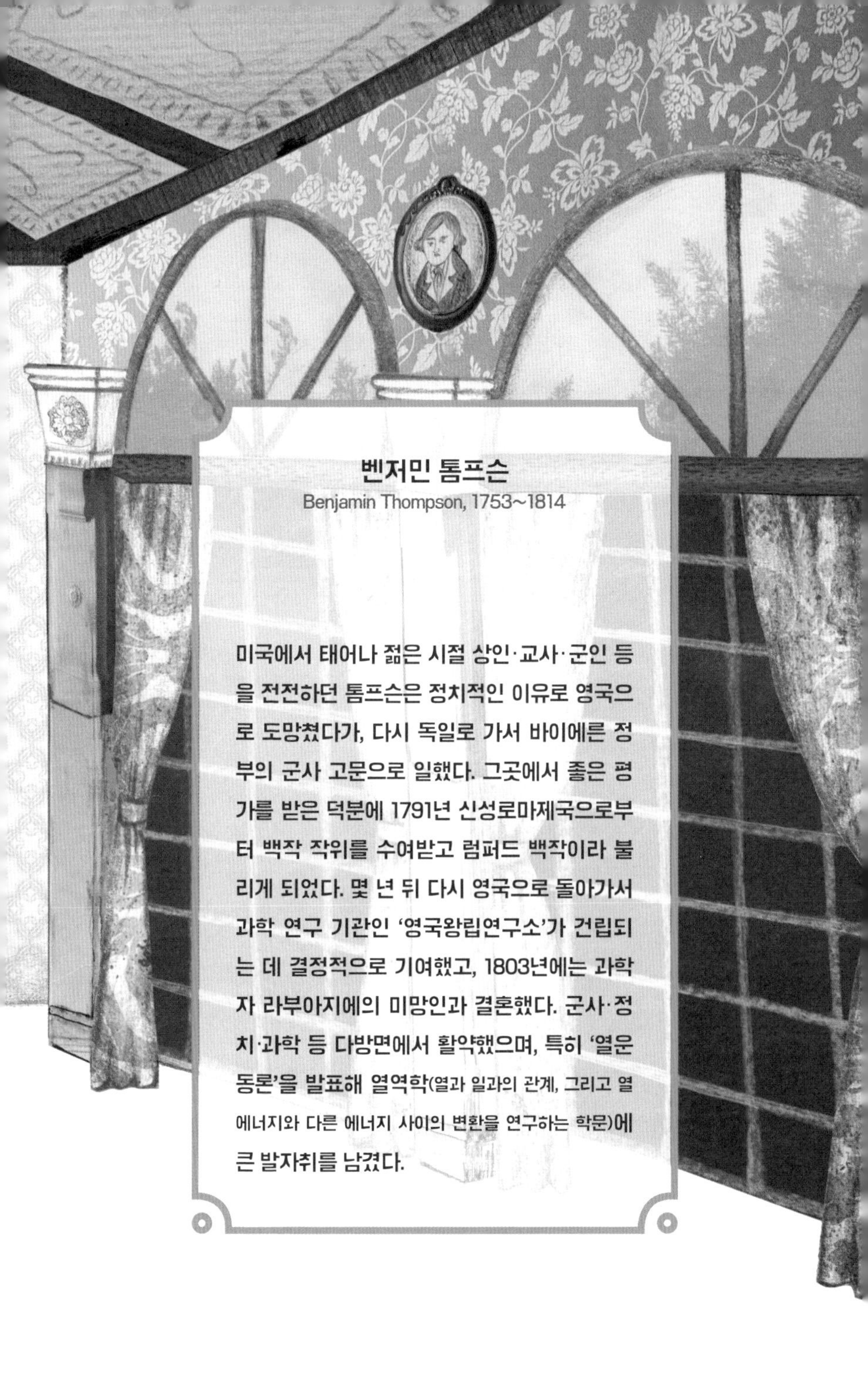

벤저민 톰프슨

Benjamin Thompson, 1753~1814

미국에서 태어나 젊은 시절 상인·교사·군인 등을 전전하던 톰프슨은 정치적인 이유로 영국으로 도망쳤다가, 다시 독일로 가서 바이에른 정부의 군사 고문으로 일했다. 그곳에서 좋은 평가를 받은 덕분에 1791년 신성로마제국으로부터 백작 작위를 수여받고 럼퍼드 백작이라 불리게 되었다. 몇 년 뒤 다시 영국으로 돌아가서 과학 연구 기관인 '영국왕립연구소'가 건립되는 데 결정적으로 기여했고, 1803년에는 과학자 라부아지에의 미망인과 결혼했다. 군사·정치·과학 등 다방면에서 활약했으며, 특히 '열운동론'을 발표해 열역학(열과 일과의 관계, 그리고 열에너지와 다른 에너지 사이의 변환을 연구하는 학문)에 큰 발자취를 남겼다.

열은 원소가 아니야!

우주는 잡지 몇 권을 반납하고 도서관에서 나오는 길이었다. 얼마 전 외갓집에 다녀온 우주는 외삼촌 방의 책장 한 칸을 차지하고 있던 피규어들에 마음을 빼앗겼다. 녹색과 황토색의 피규어들은 마치 전투 영화의 한 장면을 그대로 재현해 놓은 것 같았다. 우주는 그날 이후 다양한 미니어처의 세계가 궁금해져서, 이를 소개하는 잡지를 빌려 본 참이었다.

그런데 건물 바깥으로 나오니 우주 앞에 다른 세상이 펼쳐져 있었다. 역시 미스터리 과학 카페였다. 카페 안으로 들어가니 바로 앞에서 두 남자가 서로를 쏘아보고 있다.

"이봐, 자네가 나에게 도전장을 낸 벤저민 톰프슨인가?"

"아니, 내 본명을 부르다니…. 아, 당신은 앙투안 라부아지에Antoine Lavoisier, 1743~1794 선생이로군!"

'아, 라부아지에! 근대 화학의 아버지라 불리는 프랑스 화학자?'

우주는 익숙한 이름에 귀를 기울였다. 라부아지에라고 불린 사내는 짙은 색 군복 차림의 벤저민 톰프슨을 향해 삿대질하며 소리쳤다.

"그 잘난 대포에 구멍 뚫는 것으로 내 이론을 반박하겠다, 이건가?"

"그렇소. 라부아지에 당신이 아무리 훌륭한 화학자라고 해도, 열에 관한 당신의 이론은 틀렸소. 당신은 열이 원소라고 말했지 않소? 그러나 내 연구에 따르면 열은 작은 알갱이 따위가 아니오. 열은 운동이란 말이오!"

벤저민 톰프슨이 맞받아치자 라부아지에가 다시 공격했다.

"벤저민 톰프슨, 난 당신에 대해 꽤 많이 알고 있소. 럼퍼드 백작이라 불린 당신의 이력은 참 화려하더군. 미국에서 영국의 첩자로 활동하다가, 나중엔 바이에른(독일 남부 지역)으로 건너가 군대를 지휘했지. 거기서 대포나 잘 만들 것이지, 무슨 과학자 행세야. 스파이 주제에!"

"그러는 당신은? 부패한 세금 징수원으로 몰려 단두대에서 처형당하지 않았나! 불운한 세금 징수원 라부아지에 씨!"

'이상하다. 둘 다 과학자 아니었나? 열 이야기를 하다가 갑자기 왜 서로 인신공격을 하는 거지?'

우주는 고개를 갸우뚱했다.

"벤저민 톰프슨, 당신은 정말 내가 누명을 쓰고 죽었다는 사실을 모르오?"

"뭐, 알긴 압니다. 당신은 프랑스혁명의 틈바구니에서 앙심을 품은 사람들에게 모함당해 죽었소. 하지만 당신의 잘못된 열 이론은 당신이 죽은 뒤에도 오랫동안 살아남았지!"

여전히 억울한 표정의 라부아지에가 다시 물었다.

"당신이 내세우는 근거가 타당하다면 내 이론에 대한 반박은 받아들일 수 있소. 그런데 왜 내가 죽고 나서 혼자가 된 내 아내와 결혼한 거요?"

"거기에는 답변하지 않겠소. 하지만 우린 곧 이혼했소. 위안이 될까

모르겠지만 그녀 마리 앤은 선생만이 유일한 남편이라고 했다 하니, 그리 아시오."

이것으로 두 사람의 대화는 끊겼고 라부아지에는 곧 자리를 박차고 나갔다. 혼자 남은 벤저민 톰프슨은 아직 하고 싶은 이야기가 많아 보였다. 벤저민 톰프슨은 마침 옆에 있던 우주를 발견하고는 겸연쩍은 듯한 표정으로 말을 건넸다.

"라부아지에한테 내 대포 실험 이야기를 하고 싶었는데 가 버리고 말았군. 너라도 내 이야기를 좀 들어 볼래?"

우주는 고개를 끄덕였다. 대포라니, 그렇지 않아도 요즘 밀리터리 피규어에 푹 빠져 있던 터라 그의 제안이 반가웠다.

대포를 만들다 엄청난 발견에 눈뜨다

"음, 그러니까 1700년대 후반의 일이야. 그 당시 과학자와 공학자들은 열에 관심이 많았어. 온도계와 열량계가 이미 발명되었고, 열로 기계를 돌리는 증기기관이 본격적으로 개발되던 때였거든. 과학자들은 열이 작은 알갱이라고 생각했어. 즉 '열은 수소나 질소 같은 하나의 원소이며, 질량은 없다'고 생각했지. 그리고 이 작은 열 알갱이가 뜨거운 물체에서 차가운 물체로 옮겨 가면서 열이 전달된다고 믿었어. 이처럼 열을 일종의 물질로 생각하는 이론을 '열소설(熱素說)'이라고 불러. 라부아지에도 이를 받아들여 '자연은 33개의 원소로 이루어져 있다'고 하면서, 여기에 '열소(caloric, 칼로릭)'를 포함시켰지. 처음에는 나도 그렇게 생각했어. 그런데 대포를 만드는 과정에서 뭔가 다른 사실을 발견했지. 당시 바이에른의 장군이었던 나는 전시에 대비하기 위해 성능이 좋은 대포를 만들라고 부하들에게 명령했어. 바이에른은 영국에서 이중 첩자로 몰려 피신해 온 나에게 백작 작위를 준 곳이지.

하루는 대포가 잘 만들어지고 있는지 감독하러 현장에 갔어. 마침 청동 합금으로 만든 대포의 몸통 한쪽을 강철 드릴이 1분에 32바퀴씩 돌아가면서 구멍을 뚫고 있었지. 구멍은 대포알이 통과하는 곳이니 더욱 정교하게 깎아야 했어. 그런데 그 과정에서 열이 계속 발생하는 거야. 나는 열의 정체가 궁금한 나머지, 돌아와서 대포 실험 장치를 새로 꾸며 이를 실험했어. 대포의 몸통 대신 열이 새어 나가지 않도록 금속 봉을 사용했고, 드릴도 다소 무딘 것을 썼어. 그러고 나서 금속 봉의 앞부분을 물에 담갔더니, 얼마 안 가 물이 데워지는 거야. 두 시간 반이 지나자 드디어 물이 끓기 시작했어. 불 없이 마찰만으로도 물이 끓는 것을 보여 주니, 지켜보던 사람들도 모두 놀라 입을 다물지 못했단다.

나는 이 실험을 통해 새로운 사실을 깨달았어. 열소라는 게 정말 있다면 열이 물을 끓일 정도로 그렇게 끊임없이 나올 수는 없는 노릇이었어. 열이 물질이라면 소모되는 만큼 줄어들어야 하는데 그렇지 않았거든. 오히려 금속과 금속이 마찰하는 부분에서 열이 나왔으니, 열은 움직임과 관련 있는 게 틀림없다고 생각했어! 그래서 열은 운동이

라고 주장하게 된 거야."

"저 대포에 그런 사연이 있었군요. 그런데 라부아지에 씨 말대로 당신은 정말 스파이가 맞나요?"

"뭐, 사람들이 그렇게 부른다면 할 수 없지. 그렇지만 첩자 출신 정치가라는 말 대신 발명가나 과학자로 불렸으면 좋겠어. 사실 난 어렸을 때부터 열에 관심이 많았다고! 열세 살 때 폭죽을 만드는 방법을 고안했는가 하면, 20대 때는 화약 실험으로 논문을 써서 왕립학회에 발표하기도 했어. 그뿐인가? 발명도 많이 했지. 첩보 활동을 할 때 비밀 잉크를 직접 만들어 쓰기도 했는데, 이거 참 신기하다네. 평소에는 투명하지만 어떤 조건이 만족되면 색이 드러나서 글씨를 읽을 수 있게 되거든. 또한 군용 수프나 난로를 발명하기도 했고, 고체의 비열을 재는 방법도 알아냈어. 비열은 물질 1g의 온도를 1℃ 올리는 데 드는 열량을 말하는데, 이건 다른 사람이 먼저 발표하는 바람에 선수를 놓치기는 했지. 게다가 나는 열운동론도 내놓았단 말이야. 이런 업적들이 많은데, 나를 과학자라고 불러 주면 안 되겠니? 첩자라는 말은 듣기가 거북하구나."

"글쎄요, 후대 사람들이 톰프슨 씨를 어떻게 부르는지는 찾아봐야겠는걸요."

"미스터리 과학 카페에 요즘 21세기의 중학생이 찾아온다고 소문이 났더구나. 내 생각엔 네가 미래의 중학생 같은데, 부탁을 좀 해도 될까? 나는 열이 운동이라고 주장하긴 했지만, 열의 본질이라고 생각되는 그 운동이 어떻게 생겨나서 어떻게 열로 전달되는지는 정확히 파악하지 못했어. 그러니 답을 찾아 편지에 써서 보내 줄 수 있겠니?"

우주는 그의 부탁을 들어주기로 했다.

"값진 이야기를 들려주셨으니 저도 보답해야죠! 편지에 적어 카페로 보낼게요."

우주는 돌아와 벤저민 톰프슨에 대해 찾아보았다. 미국에서 태어난 톰프슨은 열아홉 살 때 돈 많고 나이도 열네 살이나 많은 여인과 결혼했고, 나중에 영국으로 떠날 때 부인과 딸을 버리고 갔다고 한다.

스파이인 것도 그렇고 여러모로 좋은 성품은 아닌 것 같다는 생각이 들었다. 하지만 그는 열의 본성 하나는 제대로 꿰뚫어 보았다.

우주는 벤저민 톰프슨이 작동시키던 대포 실험 장치를 떠올리면서 스케치를 했다. 그러고는 이것의 모형을 만들어 보리라 생각하면서 다음과 같은 편지를 썼다.

벤저민 톰프슨, 기뻐하세요. 자료를 찾아보니 톰프슨 씨 소원대로, 스파이 럼퍼드 백작보다는 과학자 벤저민 톰프슨을 기억하는 사람이 더 많아요. 사람들은 당신 덕분에 열의 정체를 제대로 알게 되었다고 말하죠. 그래서 당신을 '열역학의 선구자' 라고 부르고 있어요. 열역학은 영어로 'thermodynamics' 인데, 이것은 '열' 이란 뜻의 'thermo'와 '운동' 이란 뜻의 'dynamics'가 합쳐진 말이에요. 그러고 보니 톰프슨 씨의 열운동론과 관계있어 보이는 이름이네요.

이제 당신이 궁금해하시던 것에 대해 설명할게요. 당신이 세상을 떠난 뒤로 1840년대에 독일의 화학자 율리우스 마이어와 영국의 물리학자 제임스 줄은 열이 에너지라고 주장했어요. 열은 에너지이고, 열에너지가 운동에너지로, 또 운동에너지가 열에너지로 바뀌게 된다고 보았죠. 그러면서 에너지는 보존된다고 했어요. 이것을 당신의 실험에 적용해 보면, 금속이 갖는 운동에너지 일부가 마찰에 의해 열에너지로 바뀌어 물을 끓였다고 설명할 수 있는 거예요. 그런데 열은 양쪽에 온도 차이가 있을 때, 온도가 높은 곳에서 낮은 곳으로 흐른대요. 이때 전도·대류·복사 중의 한 형태로 이동하는데, 온도가 같은 평형 상태라면 이동하지 않죠. 온도에 대해서는 더 알아봐야 할 것 같아요. 동네에 프라모델 전시회가 있어서 지금 바로 나가 봐야 하거든요.

재미난 과학 이야기 들려주셔서 감사했습니다. 그럼 이만 줄일게요.

과학책 열기

라부아지에의 열소설

열소설은 1770년 영국의 화학자 '조지프 블랙 Joseph Black, 1728~1799'이 처음 주장했다. 이를 받아들인 라부아지에는 1789년 『화학 원론』이라는 책에서 자연에는 33개의 기본 물질인 원소가 있고, 그중 하나가 '열소'라고 하였다. 열소설에 따르면 "원자들 틈새에는 열소라는 작은 열 알갱이가 있다. 이것은 물체가 서로 접촉할 때 빠져나와 온도가 높은 곳에서 낮은 곳으로 이동한다. 같은 종류의 전기나 자기를 가진 두 물체 사이에 서로 밀어내는 힘(척력)이 작용하는 것처럼, 열소에도 척력이 작용해 물체에 열을 가하면 팽창하게 된다."고 한다. 톰프슨은 이러한 열소설이 잘못된 이론이라며 '열운동론'을 내놓았다.

벤저민 톰프슨의 열운동론

1797년 톰프슨은 라부아지에와 달리 열이 움직임, 즉 운동과 관계가 있다고 주장했다. 톰프슨의 열운동론을 지금의 관점으로 해석하면 '열은 물질이 아니라 에너지'라는 뜻이다. 열운동 가설은 톰프슨 이전에도 있었다. 1600년경 철학자 베이컨은 "열은 본질적으로 운동이며 다른 것일 수 없다."라고 주장했고, 세포를 발견한 과학자 로버트 훅도 17세기에 "열은 물체의 부분 부분이 활발하게 움직이는 것이다."라고 주장한 바 있다. 그러나 실험을 통해 그 원리를 정량적으로 보여준 과학자는 톰프슨이 처음이었다. 다만 그의 주장은 위대한 화학자 라부아지에의 명성에 밀려 오랫동안 받아들여지지 않았다.

05

에너지는 사라지지 않는다, 보존될 뿐
- 율리우스 마이어·제임스 줄,
에너지보존법칙 발견

벤저민 톰프슨1753~1814

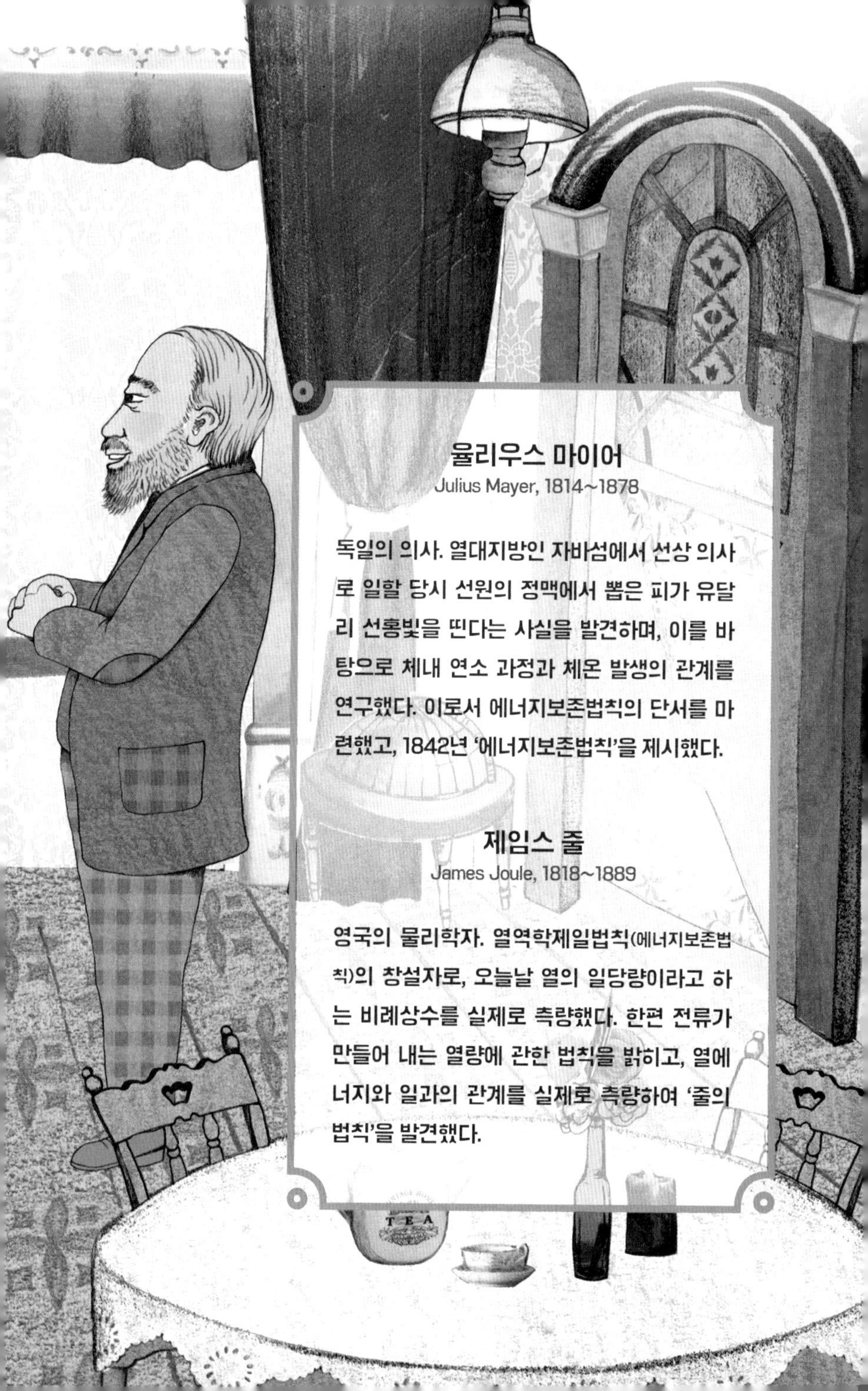

율리우스 마이어

Julius Mayer, 1814~1878

독일의 의사. 열대지방인 자바섬에서 선상 의사로 일할 당시 선원의 정맥에서 뽑은 피가 유달리 선홍빛을 띤다는 사실을 발견하며, 이를 바탕으로 체내 연소 과정과 체온 발생의 관계를 연구했다. 이로서 에너지보존법칙의 단서를 마련했고, 1842년 '에너지보존법칙'을 제시했다.

제임스 줄

James Joule, 1818~1889

영국의 물리학자. 열역학제일법칙(에너지보존법칙)의 창설자로, 오늘날 열의 일당량이라고 하는 비례상수를 실제로 측량했다. 한편 전류가 만들어 내는 열량에 관한 법칙을 밝히고, 열에너지와 일과의 관계를 실제로 측량하여 '줄의 법칙'을 발견했다.

마이어 vs. 줄, 누가 더 위대합니까?

미래와 우주는 새로 생긴 카페에서 이야기를 나누는 중이었다.

"이번에도 미스터리 과학 카페에 같이 갈 거지?"

"사실 내가 수행평가를 다 못했거든. 헤헤, 이번에는 미래 네가 다녀와서 말해 줘. 아니면 내 과학 수행평가 말이야, 네가 대신 해 줄래?"

미래는 됐다고 혀를 끌끌 차면서 차를 마셨다.

"그나저나 우주야! 마들렌을 보니까 생각난다. 내가 예전에 〈마담 프루스트의 비밀 정원〉이라는 영화를 본 적이 있는데, 여기서 주인공은 항상 마들렌과 홍차를 마시면 다른 세계로 이동하게 되거든…. 앗, 여기가 어디지?"

그렇게 미래는 급작스럽게 미스터리 과학 카페에 들어서게 되었다. 이번에는 미래 혼자였다.

카페에 들어서니 한쪽 벽면에 한 백작의 초상화가 붙어 있었다. 초상화 아래에는 '벤저민 톰프슨'이라고 적혀 있었다. 두 남자가 서서 초상화를 바라보고 있었다.

"벤저민 톰프슨! 이 사람 덕분에 내가 새로운 발견을 하게 되었지."

한 남자가 생각에 잠겨 혼잣말을 하자 옆의 남자가 말을 건넸다.

"벤저민 톰프슨을 아시오?"

"물론이죠. 나는 그의 실험에서 영감을 받아 새 이치를 깨달았죠."

허공을 올려다보며 들뜬 목소리로 대답하던 남자는 상대방 쪽으로 몸을 천천히 돌리면서 자신의 이름을 말했다.

"벤저민 톰프슨을 아는 분을 만나니 반갑군요. 나는 독일에서 의사로 일했던 율리우스 마이어입니다."

"나도 반갑소. 난 제임스 줄이오. 영국에서 아버지의 양조장 일을 돕다가 열에 대해 공부하게 되었소."

'독일의 마이어와 영국의 줄, 과학자 이름인가? 아, 율리우스 마이어는 의사라고 했지.'

미래는 어느새 두 사람의 이야기에 귀를 기울이고 있었다. 의사 마이어가 양조업자의 아들 줄에게 물었다.

"양조업자 집안이라니 무척 부유하겠군요. 벤저민 톰프슨을 안다면, 혹시 당신은 '에너지'란 말도 알고 있나요?"

"물론이오. 벤저민 톰프슨은 열이 움직임, 그러니까 운동과 관계가 있다고 생각했던 과학자죠. 나는 여기서 한발 더 나아가 에너지와 열의 관계를 밝혀낸 바 있소. 내 연구에 따르면 위치에너지가 운동에너지로, 운동에너지가 열에너지로 바뀔 수 있소. 이때 에너지는 형태만 바뀔 뿐 사라지거나 새로 생겨나는 것은 아니라오. 나는 이러한 이론을 발표하여 영국 주류 과학계로부터 크게 인정받았죠."

마이어는 처음에는 놀라다가 이내 허탈해하며 중얼거렸다.

"아니, 나도 그런 연구를 했는데…. 사람들은 내 말에는 정신병자 취급을 하더니만!"

마이어는 머리를 쥐어뜯으며 괴로운 표정을 지었다. 그는 미래가 보이자 갑자기 막무가내로 붙잡고 제안을 했다.

"애, 네가 우리 둘 중 누가 더 훌륭한지 판단해 줄래?"

"글쎄요. 제게 그런 능력은 없는 것 같지만 들려주고 싶은 말씀이 있다면 해 주세요. 저도 두 분의 이야기가 갑자기 궁금해졌거든요."

에너지보존법칙에 얽힌 '마이어'의 사연

"음, 그러니까 1840년 무렵의 일이야. 나는 독일에서 의대를 졸업하고, 네덜란드의 동인도회사에 들어가 선원을 돌보는 의사가 되었어. 3개월 동안 배를 타고 인도네시아 자바섬에 갔는데, 도착하자마자 그곳에 전염병이 돌았지. 나는 아픈 사람들을 치료하느라 정신이 없었어. 환자들의 정맥에서 피를 뽑아내는 시술을 했지. 이건 19세기 초에 유행했던 '방혈'이라는 시술인데, 당시에는 나쁜 체액을 뽑아내면 병을 치료할 수 있다고 믿었거든. 그런데 뽑아낸 피가 평소에 보던 검붉은 색이 아닌 거야. 마치 동맥혈마냥 밝은 붉은빛을 띠었지.

뜻밖의 상황에 놀란 나는 혈액 색깔이 다른 이유를 곰곰이 생각하다가 라부아지에의 이론을 떠올렸어. 그는 음식물이 산소와 결합해 타면서 열이 나와 동물의 몸을 데우고, 이 과정에서 재(이산화탄소)가 남아 정맥피를 검붉게 한다고 했지.[1] 그러니 정맥혈이 선홍색을 띤다

1 동물은 유기 영양소를 산소와 결합시켜서 물과 이산화탄소로 분해하고 에너지를 얻는다. 이를 '세포 호흡'이라고 한다.

는 것은 몸속 연소(물질이 산소와 결합해 열을 내면서 이산화탄소, 물 등의 산화 생성물을 만들어 내는 현상) 반응이 적게 일어나 재의 양도 줄었다는 뜻일 거야. 결국 나는 열대지방에서는 몸이 열을 덜 내도 될 테고, 그만큼 체내 연소가 적어져 피가 선홍빛을 띠게 된 거라고 결론지었단다.

이 관찰을 계기로 나는 몸속 연소 반응과 열의 관계에 대해 골똘히 생각했고, 나아가 기계적인 일에까지 생각을 확장시켰어. 증기기관이 연료를 태워 열과 일을 만들어 내듯이, 우리 몸도 음식물(화학에너지)을 태워 체온을 유지하도록 해 주는 열(열에너지)과 근육을 움직이는 일(운동에너지)을 만든다고 생각했지. 이때 열과 일 등 에너지의 형태는 서로 바뀔 수 있으며, 전체 양은 보존된다고 보았어. 열과 일의 전환은 벤저민 톰프슨의 열운동론에서, 에너지 보존은 라부아지에의 질량 보존[2]에서 힌트를 얻었지. 에너지 전환과 보존에 관한 이 생각을 당시 나는 '에너지는 형태가 바뀔 수는 있지만, 소멸되지 않는다.'라고 표현했어.

그 후 식물의 화학에너지가 태양에너지에서 온다는 생각도 하게 됐고, 우주 전체에서 에너지가 보존된다는 추론도 했지. 나는 이런 생각들을 담아 논문을 여러 차례 발표했지만 학계의 반응은 싸늘하기만 했어. 증거가 없다나. 과학자가 아닌 의사의 주장이라 무시당한다는

2 화학반응 전후로 반응물질 전체의 질량과 생성물질 전체의 질량은 같다는 법칙을 말한다. 예를 들어, 밀폐된 공간에서 종이 한 장에 산소가 더해진 무게는 그 종이를 태우고 남은 재에 이산화탄소의 무게가 더해진 것과 같다.

생각도 들었어. 결국 나는 우울증에 걸리고 말았지."

에너지보존법칙에 얽힌 '줄'의 사연

이번에는 옆에서 제임스 줄이 말했다.

"마이어 선생의 이야기를 들어 보니 안타깝군. 사실은 나도 마이어 선생과 아주 비슷한 시기에 비슷한 결론을 얻었단다.

내 아버지는 맥주를 만드는 양조장을 운영하셨어. 증기기관이 개발된 덕분에 가정에서 조금씩만 담가 먹던 술을 대량으로 공급할 수 있게 됐지. 양조장은 온도를 알맞게 유지하는 게 관건이야. 곡물의 당이 발효되면서 알코올이 만들어지는데, 그 과정에서 열이 자꾸 발생하는 데다, 술을 만들 때 쓰는 효모라는 미생물은 온도에 민감하거든. 나는 어려서부터 열과 온도를 중시하는 환경에 있었다고 할 수 있어. 아버지는 내게 유명한 영국의 과학자를 가정교사로 붙여 주셨어. 그 분은 돌턴John Dalton, 1766~1844 선생님으로, 원자론을 창시한 분이지. 그 덕분에 난 과학을 체계적으로 배웠고, 나중에는 여러 가지 기구를 이용해 실험하는 방법도 익히게 되었단다. 전기 장치를 다루는 법, 온도 측정하는 법 등을 알게 되었지.

1840년대는 전기, 열, 운동 등 각종 에너지에 대한 과학자들의 관심이 매우 높아진 시기였어. 그런데 아직 이 에너지들의 관계가 분명히 밝혀지지는 않았지. 나는 지하실에 실험실을 차려 놓고 에너지에 관한 갖가지 실험에 몰두했어. 그중에서 가장 기억에 남는 건 일과 열의 관계를 밝힌 1843년의 실험이야. 당시 나는 추가 위에서 아래로 떨어지면서(위치에너지) 물통 안의 회전날개를 얼마나 돌리고(운동에너지), 회전날개가 돌아갈 때 물통에 든 물의 온도가 얼마나 올라가는지(열에너지) 측정했지. 즉 추가 한 일이 발생시키는 열을 정량적으로 측정한 건데, 결론적으로 추가 한 일이 많으면 열도 많이 발생했어. 또 이때 일과 열 사이에는 일정한 비례관계가 나타났지. 이를 숫자로 표현한 것이 바로 '열의 일당량'이란다.

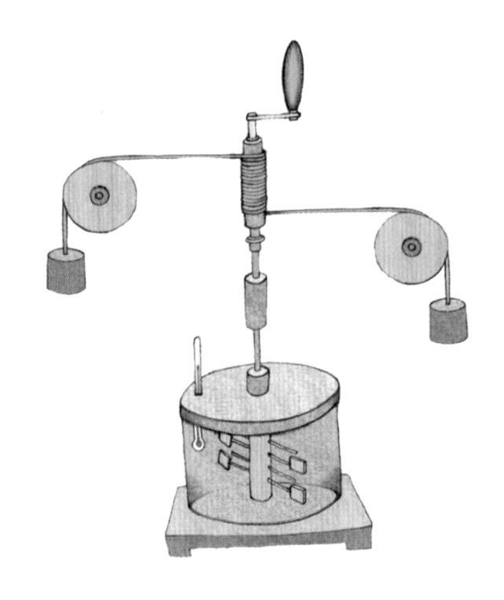

처음에는 내 실험 결과를 의심하는 사람들도 많았어. 그렇지만 난 수년간 다양한 실험을 추가적으로 해 나가면서 더욱 정밀한 값을 구했지. 결국 '열이 에너지'라는 것을 인정하는 과학자들이 늘어났단다. 그들은 역학적에너지(위치에너지와 운동에너지)가 열에너지로 바뀐 결과를 나의 직관적인 실험 장치와 정밀한 측정값을 통해 확인하면서, 에너지가 보존된다는 생각도 점차 자연스럽게 받아들이게 되었어."

미래는 두 사람의 이야기를 듣고 더욱 생각이 많아졌다.

'대체 누가 더 위대한 거지? 답을 내릴 수 없겠어. 21세기로 돌아가서 한번 다시 자료를 조사해 봐야겠어.'

미래는 21세기로 돌아가서 더 조사해 보고 답장을 쓰기로 했다.

마이어 씨, 그리고 줄 씨! 사실 두 분을 만나기 전에는 에너지보존법칙이 그리 어렵게 탄생한 것인지 몰랐어요. 에너지가 없어지거나 새로 생겨나지 않는다는 사실이 어떤 의미를 갖는지에도 별 관심이 없었고요. 그런데 자료를 찾다 보니 아인슈타인조차 이런 말을 했다고 해요. "에너지보존법칙은 물리학 이론 중 내가 결코 뒤집히지 않을 거라 확신하는 유일한 이론이다."라고요.
이 위대한 이론을 발견한 두 분의 과학자 모두 훌륭하다고 저는 생각해요. 마이어 씨는 일상을 섬세하게 관찰하면서 서로 다른 것을 연결 짓는 뛰어난 통찰을 하셨어요. 줄 씨는 끈질기고 반복된 실험을 통해, 머릿속으로만 추론하던 생각을 실험 장치와 측정 숫자로 보여 주셨고요. 둘 다 쉽지 않은 일인 것 같아요. 다만 마이어 씨는 업적을 한동안 인정받지 못해서 정말 속상하셨을 것 같아요. 다행히도 뒤늦게나마 두 분 다 왕립학회에서 주는 코플리 메달을 받으셨더라고요. 그만큼 두 분 모두 과학에서 큰일을 하신 거예요. 저도 인류의 후손으로서 감사드립니다. 미스터리 과학 카페에서 재미난 이야기 들려주셔서 그것도 감사드려요!

◆ 에너지 : 일을 할 수 있는 능력. 1807년 영국의 과학자 토머스 영이 '일'을 뜻하는 그리스어 '에르곤(ergon)'에서 이름을 따와 정립한 개념이다. 세상 만물은 모두 에너지를 지니며, 에너지는 측정될 수 있다.

◆ 일 : 힘에 거리를 곱한 것($W=Fd$, W: 일 / F: 힘 / d: 거리). 우리가 일상에서 말하는 일과 과학에서의 일은 그 의미가 다르다. 예를 들어 바위를 움직이려 힘을 들였는데 바위가 꼼짝하지 않는 경우, 우리는 힘을 썼으므로 일을 했다고 생각한다. 그러나 과학에서의 일은 힘과 거리의 곱이므로, 바위가 움직인 거리가 0이면 한 일도 0이 된다. 일의 단위로는 '줄(J)'을 쓴다.

◆ 에너지보존법칙 : 에너지는 여러 가지 형태로 전환될 수 있지만, 그 과정에서 사라지거나 새로 생겨나지 않고 전체 양이 일정하게 보존된다는 법칙이다. '열역학제일법칙'으로도 불리는 이 법칙은 1842년에 마이어가 처음 발견했고, 1843년경 줄도 정량적 실험을 통해 발견하였으며, 1847년 헬름홀츠Hermann Helmholtz, 1821~1894가 법칙으로 정립하였다.

◆ 열의 일당량 : 열은 역학적 일로, 역학적 일은 열로 서로 전환될 수 있다. 열의 일당량이란 열에너지가 어느 만큼의 역학적에너지로 전환될 수 있는지에 대한 값을 의미한다. 오늘날 정밀 기기로 측정한 열의 일당량은 4.186J/cal로, 1cal의 열량을 발생시키는 데 필요한 일이 4.186J로 일정하다는 뜻이다(일반적으로 4.2J/cal이 널리 쓰인다).

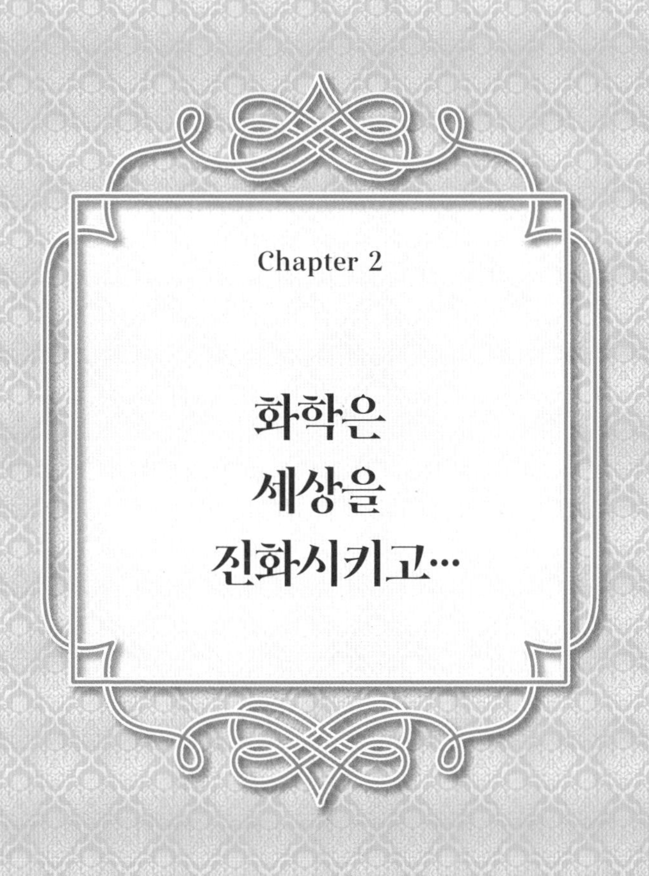

Chapter 2

화학은 세상을 진화시키고…

06

엄청난 에너지, 핵분열을 알아내다
- 리제 마이트너, 핵분열 발견

리제 마이트너

Lise Meitner, 1878~1968

오스트리아의 물리학자. 빈대학의 첫 여학생으로 물리학을 전공했고, 오토 한과 함께 30년 동안 방사능 연구를 했다. 그러던 중, 우라늄이 중성자를 흡수하면 핵분열을 일으킨다는 사실을 처음으로 발견하게 되었다. 과학적 성과는 뛰어나지만, 노벨상을 받지는 못했다.

누가 원자폭탄을 만들었나

우주는 미래에게 이번 주에 올릴 유튜브 콘텐츠 주제로 '핵무기'는 어떻겠냐고 물었다.

"미래야! 한반도에 핵무기가 사라지고, 전쟁 걱정도 없어지는 날이 정말 올까?"

"글쎄, 우리가 간절히 바라고 있잖아. 나는 진심으로 한반도에 평화가 찾아왔으면 해."

"그런 의미에서 이번에는 핵무기에 얽힌 과학 이야기를 찾아보는 건 어떨까?"

"좋아, 나도 궁금한 주제야. 대체 핵무기는 어쩌다 생겨난 걸까? 과학자들이 무시무시한 무기를 개발하려고 작정했던 건 아닐 텐데…. 누가 원자폭탄의 원리를 발견했는지도 궁금해! 일단 자료 조사를 해 봐야겠어."

미래와 우주는 도서관의 책들을 한참 뒤져 보았다. 그렇게 몇 시간이 흐르고, 미래는 잠깐 쉬어야겠다는 생각이 들어서 살짝 도서관을 빠져나왔다.

그런데 이게 웬일! 순식간에 주위가 하얗고 차가운 설산으로 바뀌는 게 아닌가. 미래의 발 옆에 스르륵 스키가 생겨났고, 미래는 알 수 없는 힘에 이끌려 바로 스키를 신게 되었다. 어느새 미래의 손에는 스틱이 쥐어져 있었다.

"오토! 오토! 도대체 어딜 간 거야? 방금까지 옆에 있었는데."

어떤 여인이 멀리서 누군가를 찾는 소리가 들렸다. 머리가 희끗한 작은 몸집의 여인이었다. 그는 미래와 비슷한 속도로 스키를 타면서 연신 누군가를 불러 대더니, 미래를 발견하고 다가왔다.

"어머! 오토는 어딜 가고, 똘똘해 보이는 소녀가 앞에 있네!"

"오토가 누구죠? 저는 21세기에서 온 미래라고 해요. 미스터리 과학 카페의 힘을 빌려 위대한 과학자들을 만나러 다니죠."

여인은 빙그레 미소를 지으며 대답했다.

"아아, 그렇구나. 미스터리 과학 카페에서 21세기 친구들을 불러서 과학자와 만나게 한다더니, 이번에는 내 차례인가? 하여간, 오토는 내 조카 이름이야. 오토와 나는 방금 아주 중요한 발견을 한 참이었단다."

"발견이요?"

"그래, 우리는 '핵분열'을 발견했어!"

"네? 핵분열이요?!!!!!"

미래는 놀라서 입을 다물지 못했다. 그 무시무시한 원자폭탄의 원리를 발견한 사람이 바로 이 작은 몸집의 나이 지긋한 여인이라니, 미래에게는 전혀 예상 밖의 인물이었던 것이다.

여인은 말을 이어 갔다.

리제 마이트너, 독일의 마리 퀴리!

"나는 '리제 마이트너'라고 해. 독일에서 오토 한Otto Hahn, 1879~1968이라는 든든한 동료와 함께 과학을 연구하고 있어."

"아까 찾으시던 그분이요?"

"아니, '오토 한'은 아까 내가 찾던 조카 오토와는 다른 사람이야. '오토 한'은 내 또래로, 독일의 화학자란다. 내 조카 오토는 '오토 프리쉬Otto Frisch, 1904~1979'라는 물리학자이고, 덴마크 코펜하겐에 있는 닐스 보어Niels Bohr, 1885~1962의 연구소에서 연구했지.

내가 어떻게 지금에 이르렀는지 알려 줄게. 나는 1901년에 오스트리아 빈대학에 입학했는데, 그때 나이 스물세 살이었어. 나는 빈대학의 첫 번째 여학생이었지. 대학에서는 물리학과 수학을 공부했는데, 1906년에 물리학 전공자 중 최우등으로 박사 학위를 받았단다. 졸업한 뒤에는 '방사능'에 관해 연구하기 시작했어.

나는 프랑스에 있는 퀴리Marie Curie, 1867~1934 부인의 연구소에 가고 싶었지만 자리가 없었어. 차선책은 독일로 가는 것이었어. 거기에는 양자 개념을 처음으로 내놓은 독보적인 물리학자 막스 플랑크Max Planck, 1858~1947가 있었거든. 막스 플랑크는 '양자'라는 아주 작은 미시 세계의 운동 법칙을 발견하여, 물리학계에 커다란 변혁을 몰고 온 사람이야. 그가 있는 곳에서 나도 연구하고 싶었지. 하지만 막스 플랑크가 있는 대학교는 여학생의 입학을 허용하지 않았고, 나는 플랑크 교수의 배려 덕에 겨우 그의 강의를 들을 수 있게 되었단다. 강의를 듣는 것만으로는 부족했던 난 연구소 자리를 알아보고 다녔어. 물론 여성이라는 이유로 그것도 쉽지 않았지."

미래는 여성이라는 이유로 자유롭게 연구할 수 없었던 당시 상황이 너무 안타까웠다.

"그래서요? 그다음은요?"

"그러던 중에, 방사능 분야를 연구하던 과학자 오토 한이 나와 함께 연구하고 싶다고 제안해 왔지. 우리는 공동 연구를 시작한 지 얼마 안 되어 성과를 내기 시작했단다. 1918년에 나와 한은 화학 주기율표의 91번 원소인 프로트악티늄(Protactinium, 원소기호 Pa, 원자번호 91)을 발견했고, 이러한 공로를 인정받아 노벨상 후보자로 추천되기도 했지. 그제야 사람들이 날 인정하기 시작했어. 프랑스에 마리 퀴리가 있다면 독일에는 리제 마이트너가 있다면서 날 '독일의 퀴리 부인'이라 추켜세우더라고. 수십 편의 연구 논문이 인정받으면서 난 주류 과학계의 일원이 될 수 있었지."

독일의 마리 퀴리, 핵분열을 발견하다

그런데 리제 마이트너의 얼굴에 갑자기 그림자가 드리워졌다.

"하지만 평화롭게 연구하던 나에게 위기가 찾아왔어. 1933년 히틀러의 나치당이 집권한 거야. 유대인인 나는 수시로 불안감을 느꼈지.

다행히 내 주변 과학자들은 그런 차별적인 흐름에 함께하지 않았지만, 1930년대 말에 들어서 분위기는 더욱 험악해졌어. 나는 정말 독일을 떠나고 싶지 않았단다. 이제 곧 예순 살인데, 타국에 가서 모든 걸 다시 시작해야 한다는 게 부담스러웠어. 더구나 그때까지도 나와 오토 한은 계속해서 함께 연구하고 있었단 말이지.

하지만 더 이상 버틸 수는 없었어. 몇 달 전 나는 독일을 아슬아슬하게 탈출해서 이곳 스웨덴에 왔단다. 오늘은 1938년 12월 31일이고, 친구 집에서 크리스마스 휴가를 보내는 중이야. 마침 조카도 놀러 와서 같이 이야기하던 중이었단다."

"와~. 조카 분도 과학을 연구하신다면서요. 함께 과학 이야기도 나누시겠어요!"

줄곧 침착하고 차분하던 그는 갑자기 눈을 반짝이며 말했다.

"하하, 사실은 중요한 토론을 하던 중이었어. 얼마 전 독일에서 오토 한이 편지를 보내왔는데 실험 결과가 심상치 않아. 나와 조카는 휴가 동안 그의 실험을 이론적으로 해석하고 결론을 내렸어. 오토 한은 새해가 밝자마자 우리의 해석을 받아 보게 될 거야."

"핵분열에 관한 건가요?"

"그렇지. 이 연구는 몇 년 전 내가 오토 한에게 제안해 시작된 거야. 1932년에 영국의 채드윅James Chadwick, 1891~1974이 중성자를 발견했는데, 이 중성자는 양성자나 전자와 달리 전기를 띠지 않아. 그래서 원자핵에 접근하기가 쉽단다. 이런 중성자의 특성을 이용해 원자핵을 건드리면, 원자가 비슷한 다른 원소로 바뀌거나 아직 알려지지 않은 새로운 원소가 만들어질 수도 있어. 우리는 중성자로 우라늄(Uranium, 원소기호 U, 원자번호 92)의 핵 변화를 유도한 뒤 나오는 물질을 분석하기로 했어. 오토 한은 매우 뛰어난 화학자이기 때문에 핵변환(원자핵이 다른 원자핵이나 소립자와 충돌하여 다른 원자핵으로 변화하는 현상) 때 방출되는 물질의 특성을 틀림없이 잘 분석해 낼 거라고 생각했지. 이 연구에는 또 한 명의 뛰어난 분석 화학자인 프리츠 슈트라스만Fritz Strassmann, 1902~1980도 참여했단다."

리제 마이트너는 계속해서 상기된 목소리로 이야기했다.

"1938년 12월, 오토 한과 슈트라스만은 감속시킨[1] 중성자를 우라늄에 포격한 뒤 나오는 물질을 분석했는데, 신기한 점을 발견했어. 그 물질이 이상하게도 바륨(Barium, 원소기호 Ba, 원자번호 56)과 같은 성질을 나타낸다는 거야. 바륨은 원자 무게가 우라늄의 절반밖에 되지 않아. 실험을 하기 전에 우리는 우라늄과 무게가 비슷한, 아직 발견되지 않은 새로운 원소가 만들어질 것이라 예상했지. 그동안 우리가 알고 있는 물리학으로는 왜 바륨이 만들어졌는지 설명할 수 없었어. 오토 한은 내게 어떻게 된 일인지 해석해 보라고 했지.

처음엔 나도 믿을 수 없었어. 실험 중에 무슨 착각을 한 게 아닐까 생각했을 정도야. 하지만 둘의 실력으로 보나 편지 내용으로 보아 실

1 높은 에너지를 가진 중성자가 물질의 원자핵과 충돌하며 그 에너지를 상실하는 것을 말한다.

험 결과는 사실임에 틀림없었어. 나와 조카는 이 현상을 해석하려고 머리를 맞댔지. 그리고 1937년에 닐스 보어가 내놓은 '원자핵의 물방울 모형'을 떠올렸어. 물방울이 표면장력[2] 때문에 둥근 방울 모양을 하고 있는 것처럼, 원자핵도 핵력 때문에 방울 모양을 하고 있다는 거야. 다만 원자핵은 서로 같은 전기를 띠는 양성자들로 이루어져 있기 때문에 척력이 작용하지. 이런 상태에서 원자핵이 열중성자[3]를 흡수하면, 핵력과 척력이 힘겨루기를 하다가 입자들이 격렬히 재배치되면서 아령 모양으로 늘어날 수 있어. 이때 척력이 더 셀 경우, 아령 모양으로 늘어난 원자핵의 허리가 잘려서 반으로 갈라질 수도 있지 않을까? 그렇다면 바륨이 만들어진 것이 설명될 수 있어.

우리는 우라늄 핵이 파열하여 두 개의 핵이 발생하고, 그 두 핵을 합한 질량이 우라늄 핵의 처음 질량보다 더 가벼워져야 한다는 것을 추론해 냈어. 그리고 나는 핵의 질량을 계산하기 위해 아인슈타인의 방정식을 떠올렸고, 그의 공식인 $E=mc^2$[4]을 이용해 계산해 보니, 우라늄

2 액체의 표면이 스스로 수축하여 가능한 한 작은 면적을 취하려는 힘. 물방울이 구 모양을 유지하는 이유는, 구 모양일 때 기체와 접촉되는 물 분자의 수를 최소로 할 수 있기 때문이다.

3 중성자가 물질 안에서 원자핵과 계속 충돌함으로써 에너지를 잃고 속도가 느려져, 주위의 매질과 열적 평형 상태에 있는 것을 말한다.

4 물체의 운동에너지가 물체의 질량 m과 진공 중 광속 c의 제곱에 비례한다는 공식. 아인슈타인의 이 공식은 아주 작은 물체라도 어떤 변화 과정에서 질량이 감소한다면 엄청난 에너지가 방출된다는 내용을 담고 있다.

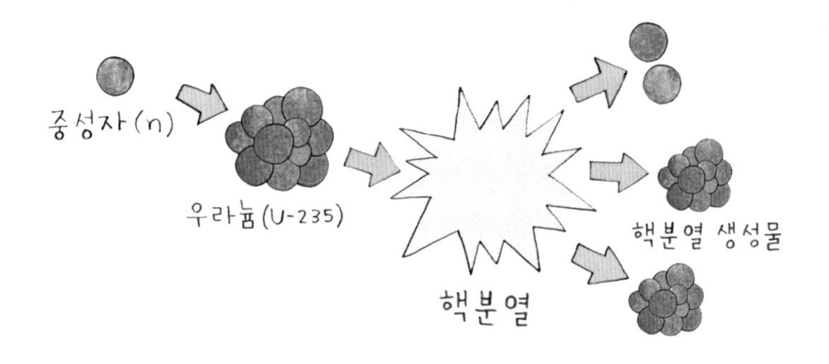

핵 하나에서 2억 전자볼트[5]의 에너지가 발생한다는 결론이 나왔지. 이 에너지는 같은 무게의 석유나 석탄이 탈 때 나오는 에너지에 비해 약 200~300만 배나 되는 양이라고 하니, 그야말로 엄청난 에너지가 방출되는 것이지! 우리는 새로 발견된 이 핵반응을 '핵분열'이라고 부를 거야."

흥분해서 열변을 토하고 있는 여인을 바라보며, 미래는 갈등했다.

'분명 경이로운 순간인 건 맞는데, 이 발견과 해석이 미래에 어떤 결과를 낳게 될지 이분은 알고 있을까? 핵분열의 발견은 나중에 원자폭탄 제조로 이어지잖아. 후, 이 이론을 발표하지 말아 달라고 부탁할까?'

하지만 미래는 그러지 않기로 했다. 리제 마이트너가 발표하지 않더라도 머지않아 다른 과학자가 핵분열을 발견할 게 분명했다. 게다가 운 좋게 과거로 잠시 왔다고 해서 미래에게 역사를 바꿀 권한은 없다는 생각이 들었다.

"그런데 넌 어쩌다 여기에 왔니?"

5 운동에너지의 단위. 단위 기호는 eV. 소립자나 원자핵, 그리고 원자나 분자 등의 에너지를 나타낸다.

미래가 머뭇거리는 사이에 리제 마이트너는 다시 조카의 이름을 부르기 시작했다.

"오토가 저기 오고 있구나. 오토, 오토!"

미래는 떠날 때가 된 것을 직감하고 스키를 벗었다. 곧 주위는 도서관 앞으로 바뀌었다. 미래는 도서관으로 돌아가 리제 마이트너에 관한 책을 찾았다. 그리고 며칠 뒤 편지 한 통을 미스터리 과학 카페에 보냈다.

리제 마이트너 씨! 충격을 받을 수도 있겠지만, 솔직히 말씀드릴게요. 당신의 발견인 핵분열은 원자폭탄을 만들게 된 원리이기도 하면서, 지금도 인류를 불안에 떨게 하는 핵무기의 원리이기도 하답니다. 핵분열 그 자체는 자연에서 일어나는 과학 현상일 뿐이지만, 핵분열을 할 때 생기는 막대한 에너지를 계산해 낸 사람들이 곧바로 원자폭탄에 대한 아이디어를 떠올린 것 같아요. 핵분열이 발견된 뒤 얼마 되지 않아 제2차 세계대전이 터졌고, 마침내 미국의 '맨해튼계획'을 통해 원자폭탄이 개발되었죠. 리제 마이트너 씨는 원자폭탄 개발에 관여하지 않았지만, 당신의 조카와 닐스 보어는 이 프로젝트에 비밀리에 동원되었더군요. 원자폭탄의 영향력은 엄청났어요. 제2차 세계대전 때 일본에 원자폭탄이 투하되는 끔찍한 일도 있었죠.

원자폭탄 때문에 수많은 사람들이 죽게 되면서, 원자폭탄 개발에 참여한 과학자들은 크게 반성했답니다. 나중에는 당신도 이에 대해 고민했던 것 같군요. 당신은 "과학 연구가 인류에게 엄청난 진보를 가져다주지만 끔찍한 고통도 초래한다는 딜레마가 있다."라고 말하기도 했죠. 원자에너지의 평화적인 이용을 위한 활동에도 동참했고요. 제2차 세계대전 이후로는 어떠냐고요? 다행히 핵무기가 사용된 적은 없지만, 핵무기에 대한 공포는 여전한 듯해요. 오늘날에도 사람들은 제2차 세계대전의 교훈을 잊지 말아야 한다고 생각해요.

또 하나 드릴 말씀이 있어요. 안타깝게도 핵분열 발견에 대한 당신의 공로가 제대로 인정받지 못한 것 같아요. 당신이 제안하고 이끈 연구지만, 노벨 화학상도 오토 한만 받았더군요. 한때 당신은 그저 오토 한의 보조 연구원으로만 알려진 적도 있었죠. 그래도 리제 마이트너 씨를 기억하고 있는 과학자들은 많답니다! 당신의 이름을 딴 원소 '마이트너륨(meitnerium, 원소기호 Mt, 원자번호 109)'도 있어요.

당신은 나이가 한참 들어서까지도 핵분열에 대해 계속 연구했고, 중요한 논문도 발표했어요. 그리고 아흔 살까지 살았죠.

당신의 말처럼, 인류가 기술의 발달을 무분별한 욕심을 채우는 데만 이용하는 일이 없도록 주의해야 할 것 같아요. 미스터리 과학 카페에 오지 못한 친구에게 당신을 만났던 이야기를 전해야겠다고 생각하며, 편지를 마칩니다.

과학책 열기

물질의 구성

모든 물질은 원자라고 하는 매우 작은 알갱이로 구성되어 있다. 원자의 중심에는 (+)전하를 띤 원자핵이 있고, 그 주위에 (-)전하를 띤 전자들이 있다. 보통의 물질은 두 전하의 양이 같아서 전기를 띠지 않는다.

◆ 원자핵 : 원자의 중심에 있는 원자핵은 양성자와 중성자로 이루어져 있으며, 원자 질량의 대부분을 차지한다. 양전하를 띠고 있으며, 원자핵 안에 있는 양성자의 개수에 따라 원자번호가 매겨진다.

◆ 중성자 : 원자를 구성하고 있는 입자의 한 종류로, 전하를 갖고 있지 않으며 전자 질량의 약 1,840배이다. 전기적으로 중성이다.

◆ 양성자 : 중성자와 함께 원자핵의 구성 요소가 되는 소립자의 하나. 질량은 전자의 약 1,800배이고, 양전하이며 전기량은 전자와 같다.

◆ 전자 : 음전하를 가지고 원자핵의 주위를 도는 소립자의 하나.

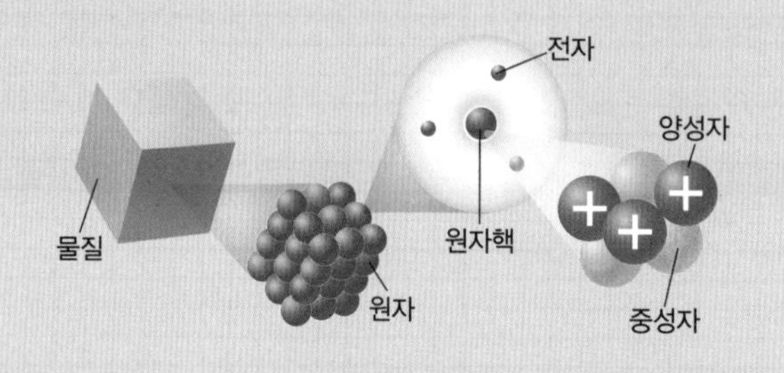

07

세계 최초로 산소를 발견하다
- 조지프 프리스틀리, 산소 발견

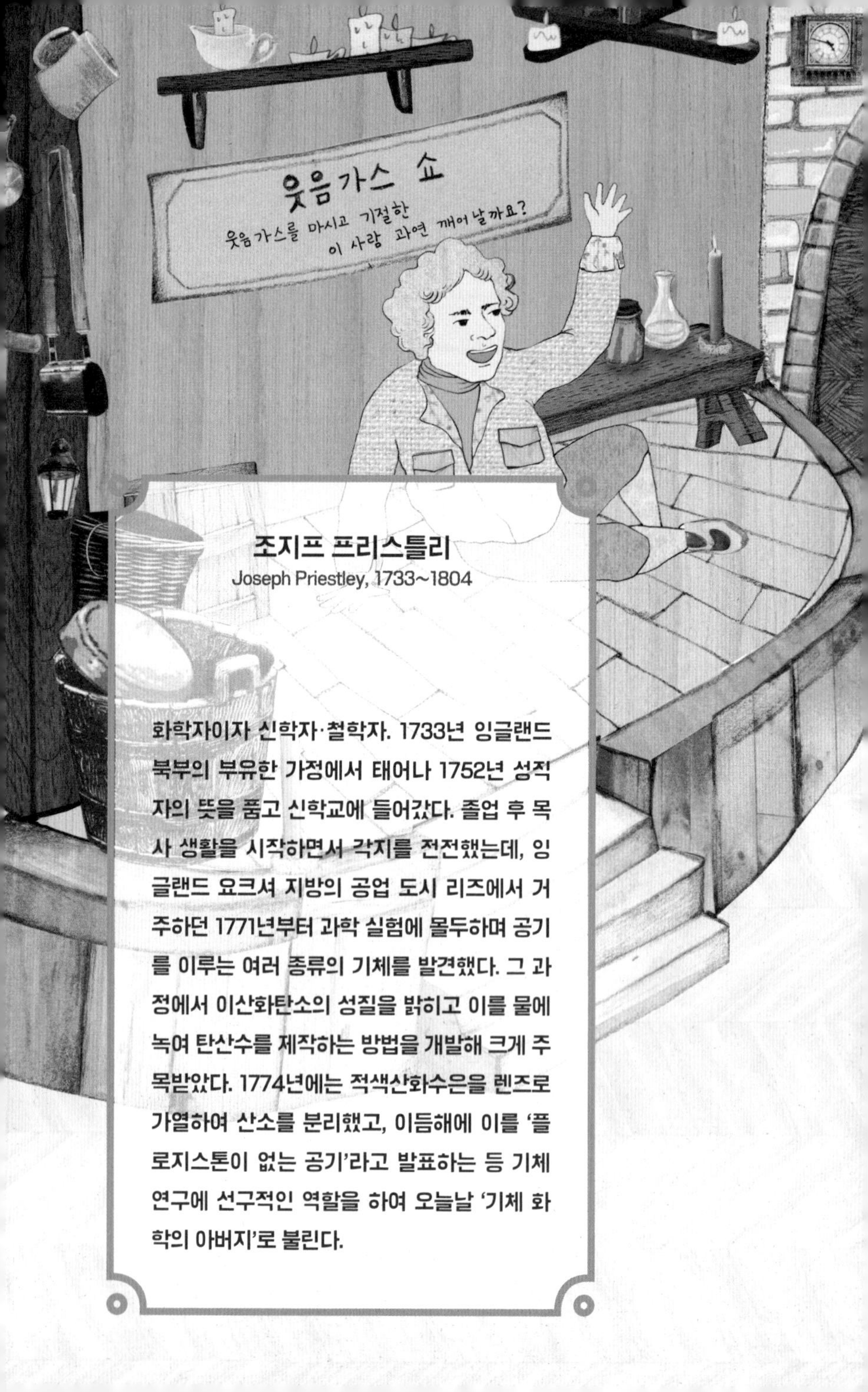

조지프 프리스틀리

Joseph Priestley, 1733~1804

화학자이자 신학자·철학자. 1733년 잉글랜드 북부의 부유한 가정에서 태어나 1752년 성직자의 뜻을 품고 신학교에 들어갔다. 졸업 후 목사 생활을 시작하면서 각지를 전전했는데, 잉글랜드 요크셔 지방의 공업 도시 리즈에서 거주하던 1771년부터 과학 실험에 몰두하며 공기를 이루는 여러 종류의 기체를 발견했다. 그 과정에서 이산화탄소의 성질을 밝히고 이를 물에 녹여 탄산수를 제작하는 방법을 개발해 크게 주목받았다. 1774년에는 적색산화수은을 렌즈로 가열하여 산소를 분리했고, 이듬해에 이를 '플로지스톤이 없는 공기'라고 발표하는 등 기체 연구에 선구적인 역할을 하여 오늘날 '기체 화학의 아버지'로 불린다.

프리스틀리
셸레
라부아지에

산소의 최초 발견자는 과연 누구?

주말에 미래와 우주는 동네 도서관에서 주최하는 과학 뮤지컬을 보러 갔다. 과학자들의 활약상을 그린 이번 공연은 중간중간에 이색적인 과학 쇼를 선사해 재미를 더했다. 등장인물들이 살았던 18세기 유럽에서는 과학 실험을 쇼 형태로 보여 주는 문화가 실제로 유행했다고 한다. 그중 정전기 저장 장치인 라이덴병을 이용한 전기 스파크 실험은 곡예단을 꾸려 세계 곳곳을 돌 만큼 인기였다고 한다. 공연에서는 정전기 실험을 비롯해 당대 과학자들이 보여 준 볼거리들이 그대로 재현되었다.

공연을 보고 나온 미래와 우주는 자판기에서 탄산음료를 뽑아 마시기로 했다. 음료가 '쿵' 하고 떨어지는데, 순간 창문 너머로 낯선 카페가 나타나더니 문이 활짝 열렸다. 미스터리 과학 카페였다.

미래와 우주가 들어선 카페 한쪽에는 무대가 마련되어 있었고, 그 앞에 여러 개의 테이블이 놓여 있었다. 객석의 사람들은 공연을 숨죽여 지켜보다가 일제히 환호성을 질렀다. 무대 위에는 기절했다 갓 깨어난 듯한 남자가 앉아 있었는데, 그는 관객들의 박수갈채를 받더니 이내 환한 미소로 화답했다. 무대 정중앙에는 '웃음 가스 쇼'라는 팻말이 붙어 있었다. 타이틀 밑에는 '웃음 가스를 마시고 기절한 이 사람, 과연 깨어날까요?'라는 문구가 적혀 있었다. 주변을 둘러보던 미래와 우주는 바로 옆 테이블에 앉아 있는 세 남자에게 눈길이 갔다. 이들은 탄산수를 마시며 공연을 감상하고 있었는데, 좌석의 이름표에는 각각 '영국 화학자 프리스틀리', '스웨덴 화학자 셸레Carl Scheele, 1742~1786', 그리고 '프랑스 화학자 라부아지에'라고 적혀 있었다. 셸레가 먼저 말을 꺼냈다.

"웃음 가스라니! 프리스틀리 자네는 참 재미있는 공기를 발견했다니까."

라부아지에가 옆에서 셸레의 말을 거들었다.

"그뿐인가, 지금 마시고 있는 탄산수도 이 친구가 발명한 방법으로 만든 거라며? 프리스틀리는 참 재주가 많은 친구야."

프리스틀리가 뿌듯해하며 말했다.

"칭찬 고맙네. 뭐 내 발견이 이것뿐만이겠는가. 나는 일전에 촛불을 잘 타게 하는 공기도 발견한 적이 있지. 볼록렌즈로 햇빛을 모아 수은재(HgO, 산화수은·수은의 산화물)를 가열했더니 공기가 빠져나오더군. 그런데 옆에 두었던 촛불이 더욱 빛나며 활활 타오르지 않겠나! 나는 이 공기에 '플로지스톤(Phlogiston)이 없는 공기'라고 이름 붙였네."

이 말을 들은 셸레는 애석해하며 다음과 같이 말했다.

"사실은 내가 자네보다 2년 먼저 그 공기를 발견했다네. 자네의 발견 소식을 듣자마자 내가 이미 늦어 버렸음을 깨달았지."

"자네들, 그 공기를 먼저 발견했으면 뭐하나? 여전히 플로지스톤설 따위나 믿었으면서. 그 공기의 정체를 제대로 알아낸 것은 나일세. 그러니 진정한 발견자는 나라고!"

라부아지에가 두 사람을 향해 목소리를 높이자, 프리스틀리는 기분이 상한 듯 컵을 내리치며 일어섰다. 그러고는 미래와 우주에게로 다가왔다.

"저 친구들, 정말 말이 안 통한다니까. 분명 내가 특별한 공기를 발견했는데 왜 자기들이 난리인지. 누구 말이 맞는지 내 이야기를 들어 보지 않을래?"

미래와 우주는 그가 왠지 딱해 보여 바로 고개를 끄덕였다.

라부아지에 vs. 셸레 vs. 프리스틀리, 누가 산소를 발견했나

"들어 보게. 오랫동안 사람들은 세상이 '물·불·흙·공기'의 네 가지 원소로 이루어져 있다고 생각해 왔어. 내가 살던 시대에도 아직 이런 인식이 남아 있었지. 그때까지만 해도 공기를 하나의 원소로 보았고, 그 안에 여러 가지가 섞여 있다고 생각하는 사람은 드물었어. 그런데 1750년대에 영국의 화학자 조지프 블랙이 특별한 공기를 찾아냈어. 그는 석회암을 가열할 때 고체 속에서 빠져나온 공기가 그동안 알고 있던 공기와 성질이 다름을 발견하고, 이를 고정된 공기(오늘날 이산화탄소)라 불렀어. 고체 속에 고정되어 있다가 빠져나왔다는 뜻에서 붙인 이름이지. 블랙은 이 발견을 통해 공기가 하나의 원소로 된 순물질이 아니라, 적어도 두 가지 이상이 섞인 혼합물이라고 주장했어. 하지만 당시 사람들은 이를 성질만 다른 공기라고 여겼고, 내 생각도 그들과 비슷했지."

"아아, 고정된 공기라고요? 석회에서 빠져나온 것이라 하니, 혹시 이산화탄소를 말씀하시는 건가요?"

미래가 고개를 갸우뚱거리며 말했다.

"오, 후대 사람들은 그렇게 부르니? 자, 더 들어 보렴. 1766년에 새로운 공기가 또 발견되었어. 영국의 과학자 캐번디시Henry Cavendish, 1731~1810는 금속과 산이 반응할 때 나오는 공기에 불이 잘 붙는다는 것을 알아내고, 여기에 '불타는 공기'(오늘날 수소)란 이름을 붙였지. 그리고 마침내 1774년, 내가 고정된 공기와 불타는 공기의 뒤를 이어 유독함이 줄어든 신선한 공기, 그러면서도 촛불을 잘 타게 하는 공기(오늘날 산소)를 발견했단다. 지금부터 그때까지의 과정을 들려줄게.

나는 신학교를 졸업하고 성직자 생활을 했어. 그러면서 과학을 틈틈이 연구했단다. 특히 리즈 지방으로 이사해 목사로 일하던 시절, 그곳에서 다양한 공기 실험들을 하곤 했지. 실험 장소는 집 근처에 있는 맥주 공장이었어. 술 냄새가 진동하는 그곳은 무척 흥미로운 공간이었단다. 무엇보다 술이 발효될 때 나오는 거품이 나의 관심을 빼앗았지. 어느 날 나는 호기심이 발동해 술 위로 뽀글뽀글 올라오는 거품 가까이에 촛불을 가져다 대었단다. 그러니 이내 촛불이 꺼지고 마는 거야. 여러 번 시도해도 결과는 같았지. 촛불이 꺼진 이유는 거품 속에 들어 있던 공기 때문이었어. 바로 블랙이 발견한 '고정된 공기'였지.

어떤 과학자는 이 기체로 실험을 하다가 쥐가 죽는 것을 보고 '유독한 공기'라고 부르기도 했단다.

하여간 나는 이 고정된 공기가 물에도 녹는지 실험하다가 톡 쏘는 맛의 탄산수를 만드는 방법을 발명했고, 이것은 나의 최고 인기 발명품이 되었지. 나는 화학자들이 좋아할 만한 실험 장치들도 발명했는데, 맥주 거품에서 나오는 공기를 병에 모으는 장치와 유독한 공기를 직접 만드는 장치도 개발했단다.

그러던 어느 날, 나는 커다란 볼록렌즈로 붉은 수은재를 가열하는 실험을 했어. 블랙이 석회암을 가열해 유독한 공기를 얻었던 것처럼, 나도 다른 물질에 열을 가하면 다른 종류의 공기를 얻어 낼지 모른다고 생각했기 때문이었지.

실험을 하자 붉은색이던 수은재는 은백색의 수은으로 변했고, 그 과정에서 공기가 빠져나왔어.[1] 때마침 근처에 촛불 하나를 켜 둔 채 실험을 하고 있던 나는 놀라운 상황을 목격하게 됐지. 수은재에서 빠져나온 그 공기가 촛불에 가 닿자마자 더 밝은 빛을 내며 활활 타오른 거야. 보통의 공기도, 유독한 공기도 아닌 다른 성질을 지닌 공기임에 틀림없었어. 난 촛불을 잘 타게 하는 이 공기가 생물에게는 어떤 작용을 할지 궁금해졌어. 그래서 이를 유리종(실험에서 얻어진 물질이 외부

1 수은은 상온에서 유일하게 액체 상태로 있는 은백색의 금속 원소로, 300℃ 이상으로 가열되면 붉은색의 산화수은이 된다. 이 산화수은을 400℃ 이상으로 가열하면 산소가 빠져나가면서 다시 수은만 남게 된다.

로부터 오염되지 않도록 쓰는 종 모양의 유리 기구)에 모은 뒤에 쥐 한 마리를 넣고 뚜껑을 닫았더니, 보통의 유리종에 쥐를 넣고 밀폐했을 때보다 훨씬 오래 살았지. 또한 이 공기를 직접 마셔 보니 숨 쉬기가 한결 편했어. 내가 보기에 새로운 공기라기보다는 보통의 공기인데 유독한 성분이 없는 순수한 공기 같았어. 그래서 나는 이 기체가 촛불을 잘 타게 했다는 점에 착안해, '플로지스톤이 없는 공기'라고 이름 지었지.

아, 플로지스톤이 뭐냐고? 플로지스톤이란 연소 현상을 설명하기 위해 과학자들이 만들어 낸 개념이야. 내가 살던 시기 과학자들은 불에 잘 타는 모든 가연성 물질에는 플로지스톤이라고 하는 성분이 있어서 연소가 가능하다고 보았단다. 즉 물질 내부에 있던 플로지스톤이 공기 중으로 빠져나가면서 물질이 타게 되는 것이라고 생각했지. 이를 '플로지스톤설'이라고 해. 그렇다면 물질이 타다가 꺼지는 과정은 어떻게 설명할까? 그것은 물질이 연소하면서 플로지스톤이 공기로 빠져나가 공기에 플로지스톤이 가득 차면, 공기가 더 이상 플로지스톤을 받아들일 수 없게 되어 연소가 멈추는 것으로 설명할 수 있어.

나는 내가 발견한 이 공기가 매우 특별하게 느껴졌어. 유리종의 쥐를 더욱 오래 살게 하고, 사람이 숨 쉬기 편하게 해 주는 이 공기 말이야. 그런데 이 공기가 촛불의 연소를 돕는 이유는 무엇일까? 나는 이 공기에는 플로지스톤이 없어서라고 결론을 내리고, '플로지스톤이 없는 공기'라는 이름을 붙였단다. 플로지스톤설에 따르면 물질의 연소가 멈추는 이유는 공기에 플로지스톤이 가득 차기 때문이잖아. 반대로 플로지스톤이 없는 공기가 있다면 물질의 연소는 더욱 잘 이루어질 테니까.

아까도 이야기했듯 나는 공기를 혼합물로 본 블랙과 달리, 하나의 기본 원소로 보았어. 그런데 이번에 발견한 공기는 새로운 원소라기보다 보통의 공기에서 성질이 변화한 것이라고 생각했지. 나는 이후 이 공기의 성질을 증명하는 다양한 실험을 했고, 그 결과를 모아 1775년에 논문으로 발표했단다."

미래와 우주의 생각에, 프리스틀리가 말한 '플로지스톤이 없는 공기'는 '산소' 같았다. 둘은 그의 말에 계속 귀를 기울였다.

"나는 '플로지스톤이 없는 공기'를 발견한 뒤 파리로 여행을 갔다가 라부아지에를 만나 이에 대해 이야기를 나눈 적이 있어. 그는 내 말을 듣더니 뭔가가 뇌리를 스쳤는지 눈을 잠시 반짝였지. 그래 놓고는 나중에 자기가 이 공기를 처음 발견한 것처럼 떠벌리고 다녔더군. 게다가 그 공기는 플로지스톤과 관계없다면서 '산소'라는 이름까지 새로 붙여 발표했다지. 내 아이디어를 빼앗긴 것 같아서 기분이 나빴어."

"어엇, 프리스틀리 씨! 지금 저희는 그 공기를 산소라고 배우고 있는걸요. 플로지스톤이라는 말은 처음 들어 봐요."

"그래? 그렇다면 최종 승자는 라부아지에인가? 애석하군. 어쨌든 그 공기는 내가 먼저 발견했다고! 나 대신 그 사실을 좀 널리 알려 줄래? 그리고 왜 '플로지스톤이 없는 공기'라는 이름 대신 '산소'라는 이름이 남게 되었는지도 알려 주고."

"네, 최선을 다해 찾아보고 편지로 보내 드릴게요."

프리스틀리를 만나고 돌아온 미래와 우주는 그가 어떤 사람인지 찾아보기 시작했다. 그가 발견한 기체는 오늘날 일산화이질소[2]라고 불리는 '웃음 가스'를 비롯해, '암모니아(NH_3), 염화수소(HCl), 이산화황(SO_2)' 등 총 십여 가지에 이르렀다. 기체는 눈에 보이지 않아 그저 하나의 기본 물질로만 여기던 시절에 이렇게 다양한 기체를 발견해 냈다니, 정말 대단하다는 생각이 절로 들었다.

"사람들이 프리스틀리를 '기체 화학의 아버지'라고 부르는 데는 다 이유가 있는 것 같아."

우주가 고개를 끄덕이며 동의했다.

"맞아. 프리스틀리뿐만 아니라 셸레, 라부아지에 모두 대단한 발견을 한 사람들이라고 생각해."

"얼른 미스터리 과학 카페에 보낼 편지를 쓰자. 프리스틀리 씨가 계속 억울해하시면 어떡해."

조사를 끝낸 미래와 우주는 프리스틀리에게 편지를 썼다.

2 무색의 기체로, 마시면 웃음이 터져 나오기도 해 웃음 가스라고도 불린다. 통증을 못 느끼게 하고 마취 효과가 있어 마취제로도 쓰인다.

프리스틀리 씨! 당신은 성직자면서도 과학 전반에 관심이 많았죠. 우연히 런던에서 미국의 정치가이자 과학자인 벤저민 프랭클린Benjamin Franklin, 1706~1790을 만난 뒤로 전기에 관심을 가졌다가, 양조장 옆에 살게 된 이후에는 공기에 특별한 애정을 보였다고 들었어요. 덕분에 여러 기체를 발견했고 기체 실험 장치도 고안했다고 하죠. 과학 실험실에서만 보던 수상치환장치(물에 녹지 않는 기체를 포집하는 장치)도 당신이 발명했다는 사실을 알게 되었어요. 그래서 사람들이 당신을 '기체 화학의 아버지'라고 부르나 봐요.

왜 라부아지에의 '산소'가 최종 승자가 되었는지 찾아봐 달라고 했죠? 내막은 이래요. 당신은 산소를 발견하고도 그것을 단지 보통의 공기에서 플로지스톤이 빠진, 그래서 성질이 조금 다른 기체라고만 생각했어요. 프리스틀리 씨는 기존의 플로지스톤설을 그대로 따른 거죠. 하지만 라부아지에는 금속이 탈 때 무게가 증가한다는 사실을 알아내고 플로지스톤설에 의문을 품었어요. 만약 진짜 플로지스톤이 빠져나가면서 연소가 이루어지는 것이라면, 무게가 줄어야 마땅했기 때문이에요.

라부아지에는 여러 실험을 통해서 프리스틀리 당신이 산화수은을 가열할 때 발생했던 기체가 바로 물질의 연소에 관여하는 기체라는 것을 알아냈어요. 그리고 물질의 연소 현상은 플로지스톤에 의해 일어나는 게 아니라, 물질이 산소와 결합하여 일어나는 현상이라는 결론을 얻었죠. 오늘날 우리가 배우는 연소 개념을 정확히 설명한 거예요. 라부아지에는 연소, 호흡 등에 필요한 이 기체에 '옥시전(oxygen)', 즉 산소라는 이름을 붙여 주었어요. 그래서 라부아지에의 '산소'가 승자가 된 거예요.

물론 조지프 프리스틀리 씨의 업적도 매우 큽니다. 산소를 잘 이해하고 설명한 것은 라부아지에이지만, 산소의 존재와 특성을 알아내고 발표한 것은 당신이 먼저니까요. 저는 산소 발견의 첫 공로를 당신에게 돌리고자 합니다. 친구들에게도 그렇게 말할 참이에요.

과학책 열기

식물의 산소 배출

동물(쥐)을 밀폐된 공간에 두면 동물은 호흡을 통해 공기를 변화시킨다. 프리스틀리는 식물도 동물과 마찬가지로 공기를 변화시키는지 알아보기 위한 실험을 했다. 양초를 장시간 태워 불이 꺼질 정도로 공기가 탁해진 유리종 안에 식물을 넣어 보았다. 그랬더니 얼마 뒤 그 공기는 양초를 다시 연소시킬 힘을 회복하였다. 이번에는 생쥐의 호흡으로 탁해진 공기 속에 식물을 넣었다. 그랬더니 이번에도 역시 공기가 정화되는 것이 확인되었다. 프리스틀리는 이 실험을 통해 녹색식물이 신선한 공기(오늘날 산소)를 배출한다는 사실을 증명해 냈고, 이것은 식물의 광합성 이론을 설명하는 데 뒷받침이 되었다.

셸레 vs. 프리스틀리 vs. 라부아지에

셸레는 시간적으로 가장 먼저 산소를 발견하였으나, 그 사실을 발표하지 못했다. 비슷한 시기에 프리스틀리는 독자적인 실험을 통해 산소의 존재를 발견하고 이 사실을 발표하였다. 그러나 당시 사람들이 믿고 있던 플로지스톤설을 그대로 받아들이고 있었다는 점에서 한계가 있다. 마지막으로 라부아지에는 프리스틀리의 발견을 바탕으로 하여, 산소를 만드는 방법을 알아냈다. 그는 더욱 정밀한 실험을 통해 플로지스톤설이 전혀 과학적이지 않다는 사실을 밝혀냈으며, 산소가 연소·호흡 등에 필요한 기체라는 사실을 알아냈다. 산소의 정확한 정체를 파악하고 옥시전(oxygen), 즉 산소라는 이름을 붙인 사람은 라부아지에인 것이다.

08

절대 반지보다 중요한 '절대온도'?
- 윌리엄 톰슨, 절대온도 체계 확립

금일 오후 5~7시
윌리엄 톰슨 VS. 제임스 줄

윌리엄 톰슨

William Thomson, 1824~1907

영국의 물리학자·수학자. 어려서부터 수학과 과학에 특출한 재능을 보였다. 대학을 졸업한 뒤 프랑스로 건너가 연구하던 중 '카르노기관'에 큰 관심을 갖게 되었다. 그것이 계기가 되어 절대온도 체계를 만들었다. 이후 물리학의 다양한 분야를 왕성하게 연구해, 661종에 이르는 논문·저서·발명품을 남겼다. 스물두 살 때 영국 글래스고대학의 자연철학 교수가 되어서 50년 이상 학자로서의 삶을 살기도 했다.

당구공과 절대온도의 관계는?

우주와 미래는 시험공부에 열중하다가 잠깐 머리를 식히기로 하고 자리에서 일어났다. 미래는 한참 전 가방에서 꺼내 놓은 음료수를 찾았다. 깜빡하고 난방 중인 라디에이터 옆에 두었던 탓인지 플라스틱으로 된 음료수 병은 열을 받아 터질 듯이 부풀어 있었다.

미래와 우주는 바깥으로 나갔다. 아직 날씨가 추웠다. 터질 듯하던 미래의 음료수 병도 부피가 약간 줄어들었다. 둘은 잠시 주위를 둘러보았다. 그러다가 낯선 카페를 발견하고는 자석처럼 이끌려 들어갔다. 역시나 미스터리 과학 카페였다.

카페 안은 한산했고 어디선가 '딱, 딱' 하는 공 부딪치는 소리가 이따금씩 들렸다. 그 앞에는 다음과 같은 안내문이 적혀 있었다.

◆ 당구대 예약 현황 ◆

금일 오후 5~7시, 윌리엄 톰슨 vs. 제임스 줄

소리 나는 곳을 따라가 보니, 구석에 놓인 당구대에서 두 사람이 포켓볼 게임을 하고 있었다. 왠지 한 사람의 얼굴은 낯이 익었다.

"우주야, 기억나지? 양조업자의 아들 제임스 줄 말이야."

미래와 우주는 미스터리 과학 카페에서 제임스 줄을 만났던 경험이 있다. 에너지보존법칙을 밝혔던 제임스 줄 말이다. 그를 다시 만날 줄이야! 그렇다면 나머지 한 사람은 윌리엄 톰슨인 것이 분명했다. 미래와 우주가 이런 이야기를 나누는 사이, 윌리엄 톰슨과 제임스 줄은 옛 추억을 떠올리며 대화를 주고받았다.

"이봐 톰슨, 우리 처음 만났을 때 기억나는가?"

"물론이지. 1847년 옥스퍼드의 학술회의에서 자네가 발표하는 것을 봤지. 그때 자네는 일과 열이 서로 바뀔 수 있다고 말하고 있었는데, 흥미로웠지만 내 생각엔 뭔가 부족해 보였지."

"그러고 얼마 뒤 우린 또 우연히 마주쳤지 않나. 유럽에서 내가 신혼여행 중일 때 말이야."

"맞아. 줄, 자네 말이야. 내 친구지만 참 못 말릴 사람일세. 몽블랑(알프스산맥의 최고봉) 근처를 걷는데, 맞은편에 당신이 있더라고. 부인과 함께 말이야. 신혼여행을 간 와중에도 자네는 커다란 온도계로 폭포수 아래의 온도를 재고 있었지. 자네의 측정 본능은 정말 못 말릴 수준이더군. 하하하!"

두 사람은 꽤 오래전부터 아는 사이처럼 보였다. 둘이 가벼운 담소를 나누는 가운데 '딱, 딱' 소리가 빨라지며 게임이 무르익어 갔다. 톰슨은 차례가 되자 막대에 적당히 힘을 주어 당구공을 맞혔다. 그러자 당구공이 다른 공을 맞혔고, 맞은 당구공은 당구대 벽에 부딪혔다가 옆벽에, 다시 그 옆벽에 부딪히며 빠르게 움직이다가 골에 들어갔다. 기분이 좋아진 톰슨은 남은 당구공들을 가리키며 이렇게 말했다.

"줄, 아무래도 이 당구공이 당신이 좋아하는 열이나 온도와 관계있는 것 같지 않아?"

"물론 나도 그렇게 생각하네. 1847년에 이미 이에 대해 강연한 적도 있는걸. 혹시 자네 내 강연에서 힌트를 얻은 건 아닌가? 허허허!"

줄은 어리둥절해하는 미래와 우주를 발견하고 톰슨에게 말했다.

"톰슨, 미래에서 온 저기 호기심 많은 아이들에게 자네의 절대온도 이야기를 들려주겠나?"

윌리엄 톰슨, '절대온도'의 기준을 마련하다

"자, 그럼 줄의 요청대로 내 연구 이야기를 해 볼까? 수학과 과학을 좋아하던 난 케임브리지대학에 진학해서는 열과 전자기를 공부했고, 졸업한 뒤에는 더 연구를 하기 위해 프랑스로 건너갔지. 그곳에서 '카르노기관'에 흥미를 느꼈어. 이때의 연구는 내가 몇 년 뒤 절대온도 체계를 확립하는 데 커다란 영향을 주었단다. 얼마 뒤 고국으로 돌아와서 나는 교수가 되었어. 그러던 어느 날, 난 제임스 줄의 강연을 듣게 됐지. 줄은 그 자리에서 열의 일당량에 관한 연구 결과를 발표했고, 난 깊은 인상을 받았단다. 이건 모두 1800년대 중반, 내 나이 창창한 이십 대 시절의 이야기야."

열의 일당량이라면 우주와 미래도 이미 들어 본 이야기였다. 제임스 줄이 발견한 법칙으로, 역학적에너지(W)와 열량(Q) 사이에 일정한 관계가 있음을 파악한 것이었다. 이어서 톰슨은 본격적으로 온도에 대한 이야기를 이어 가기 시작했다.

"온도계는 17세기 초 갈릴레오Galileo Galilei, 1564~1642에 의해 최초로 만들어졌는데, 초창기 온도계에는 눈금이 없었단다. 그러다 과학자들이 온도계에 눈금을 매기기 시작했는데, 온도 측정의 기준이 되는 고정점을 정하기가 쉽지 않았어. 어떤 과학자는 겨울철 가장 심한 추위와 여름철 가장 더운 더위를, 또 어떤 과학자는 첫 번째 밤 서리를 고정점으로 삼아야 한다고 주장하기도 했단다. 하지만 언제나 같은 온도에서 관찰할 수 있는 현상이어야 온도 측정의 기준으로 삼을 수 있을 텐데, 무엇을 기준으로 세워야 할지 늘 고민이었지. 그러다가 1742년, 스웨덴의 과학자 셀시우스Anders Celsius, 1701~1744가 섭씨온도 단위를 만들게 되었지. 섭씨온도 단위란 물이 어는점을 0℃, 끓는점을 100℃로 정하고, 이 두 고정점 사이를 100등분한 것이란다. 그러나 온도계에 어떤 물질을 쓰는지에 따라 눈금이 달라진다는 문제는 여전히 해결되지 못했어. 게다가 과학이 발전하면서 아주 높거나 낮은 온도로 눈금 범위가 확장되어야 할 필요가 있었지.

이러한 상황에서 난 새로운 온도 단위를 마련했단다. 앞서 이야기했듯이, 카르노기관이 중요한 실마리를 제공해 준 덕분이었지. 카르노기관이란 열을 일로 바꾸는 장치를 말하는데, 프랑스의 과학자 카르노Nicolas Carnot, 1796~1832가 고안한 거야. 분자 간 마찰이나 열 손실이 전혀 없어 딱 주어진 열만큼의 일을 하게 되는, 열효율이 최대가 되는 모델이지. 열기관을 움직이게 하는 물질의 종류에 전혀 영향을 받지 않는 가상의 기관인 셈이야. 현실적으로 카르노기관을 만들어 낼 수는 없어. 어쨌든 나는 카르노기관에서 힌트를 얻어서, 온도의 단위도 물질에 관계없이 정할 수 있다고 생각했어. 그러고는 그 기준으로 온도의 변화량을 정확히 반영하는 '기체 분자의 운동'을 도입했지.

여기 이 당구공을 잠깐 보렴. 내가 열 연구를 할 당시에는 기체를 작은 당구공 모형이라고 생각했던 과학자들이 꽤 있었어. 이미 스위스의 과학자 베르누이Daniel Bernoulli, 1700~1782가 기체는 무수히 많은 작은 입자들로 이루어져 있고, 각 입자는 탄성이 있어서 당구공처럼 빠르게 이리저리 움직인다고 주장했지. 그렇다면 베르누이가 생각한 작은 당구공들을 용기에 넣고 부피를 줄이면 어떻게 될까? 당구공들이 벽에 부딪히는 횟수가 늘어 압력은 커지게 되겠지! 반대로 부피를 늘리면 당구공들이 부딪히는 횟수가 줄고 압력도 줄게 될 거야. 이것은 '기체의 부피와 압력은 반비례 관계'라는 '보일Robert Boyle, 1627~1691의 법칙'을 뒷받침해 주는 설명이기도 하단다.

이번에는 기체를 이루는 작은 당구공들을 따뜻하게 데운다고 가정해 볼까? 당구공들의 움직임이 활발해져서 차지하는 공간이 커지겠지? 이처럼 기체의 온도가 높아지면 부피가 커지는데, 이것이 유명한 '샤를Alexandre Charles, 1746~1823의 법칙'이야. '압력이 일정할 때 기체의 부피는 종류에 관계없이, 온도가 1℃ 올라갈 때마다 0℃일 때 부피의 273분의 1씩 증가한다'는 이론이지.

나는 여기서 온도의 기준점에 관한 중요한 단서를 얻었어. 위의 그래프를 잘 보렴! 샤를의 법칙에 따라 그래프를 작성한 뒤, 선을 연장하여 부피가 0이 되는 온도를 찾아봤어. 그랬더니 -273℃가 될 때 기체의 부피는 0이 되어야 한다는 결과가 나오더군.

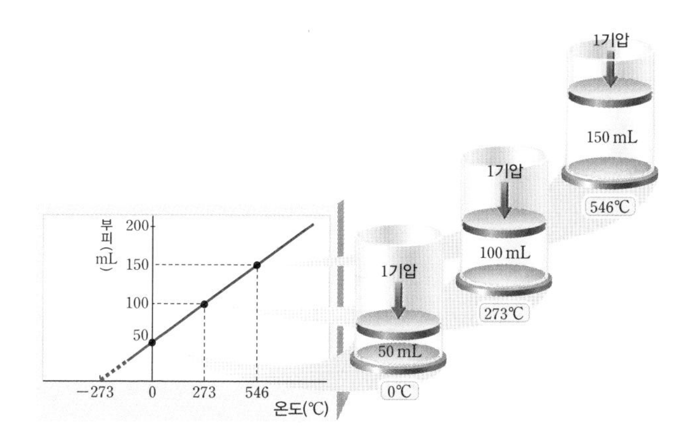

과연 0보다 작은 부피가 존재할 수 있을까? 기체의 부피가 0이 되는 상태란 '물질이 더 이상 물질이 아닌 상태'를 뜻해. 따라서 난 이보다 낮은 온도는 없다고 확신하고, 이때의 온도를 '절대영(0)도'[1]로 정한 뒤 '절대온도 눈금'을 만들었어. 공식은 다음과 같단다.

T(절대온도) = t(섭씨온도)+273

1 기체의 부피가 줄어들다가 마침내 0이 되는 온도를 찾는 실험을 실제로 할 수는 없다. 온도가 어느 정도 낮아지면 기체는 액체가 되기 때문이다. 하지만 톰슨은 이러한 상황에서도 기체 상태로 존재하는 '이상기체'를 가정해서 그것의 부피가 없어지는 온도를 찾아냈다.

나는 절대온도의 개념을 1848년에 처음 내놓고 차차 다듬어 갔는데, 방금 말한 샤를의 법칙과 함께 줄의 열운동론도 이론을 정립하는 데 도움을 주었단다. 난 줄과 친하게 지내며 자주 토론을 벌였는데, 처음에는 시큰둥했던 그의 주장, 그러니까 열이 일로 전환된다거나 열이 입자의 운동이라는 주장을 점차 수긍하게 되었지. 이제 나는 온도가 1℃ 올라가거나 내려갈 때마다 273분의 1씩 줄어들거나 증가하는 것이 물론 기체의 부피이기도 하지만, 그보다는 '기체 입자의 운동에너지'가 273분의 1씩 줄어들거나 증가하는 것이라고 더 멋지게 표현하고 싶구나. 그동안의 온도 눈금들은 단지 차고 따뜻한 정도를 나타냈지만, 내가 만든 절대온도는 거기서 한 걸음 더 나아갔어. 입자의 운동에너지가 0이 되는 절대영도를 시작점으로 하여, 절대온도값이 클수록 그에 비례해 입자의 (평균) 운동에너지가 커짐을 나타내게 되었지."

톰슨의 말을 가만히 듣고 있던 줄이 나섰다.

"입자의 운동에너지? 그 표현은 내 영향을 받은 듯한데?"

"기분 좋은 김에 내 인정해 줌세, 하하!"

톰슨은 껄껄 웃다가 자랑스럽게 말을 이었다.

"나의 절대온도는 한참 후 '켈빈온도'라고 불리게 되었는데, 왜 그리 됐는지 알아? 나는 한때 유럽과 아메리카 대륙을 잇는 전신 케이블을 바닷속에 설치하는 사업에 참여해 큰 기여를 했어. 나라에서는 그 공로를 높이 사서 기사 작위를 내렸고, 나중에는 남작 작위까지 주었지. 그때 내가 교수로 있던 글래스고대학 근처의 강 이름을 따서 나는 '켈빈 남작'이 되었어. 그 바람에 절대온도는 '켈빈온도'라고 불리게 되었고, 단위도 켈빈의 첫 글자를 딴 'K'가 되었단다."

이야기를 마친 톰슨이 미래와 우주를 보며 물었다.

"어때, 친구들. 미래에서도 절대온도를 아직 쓰고 있니? 나는 평생 연구도 많이 하고 존경받으며 살아왔는데, 미래의 사람들은 날 어떻게 생각하는지도 궁금해. 돌아가면 확인해 보고 알려 주겠니?"

우주와 미래는 그러겠다고 흔쾌히 대답했다.

카페를 나온 미래의 손에는 부풀었다 가라앉은 플라스틱 음료수 병이 여전히 쥐어져 있었다. 미래는 톰슨의 이야기를 떠올리며, 병 안에서 수많은 당구공들이 움직이며 안쪽 벽에 부딪히는 모습을 상상했다. 다음 날, 도서관에서 만난 우주와 미래는 윌리엄 톰슨과 관련된 자료들을 찾아보았다. 그는 보기 드물게 살아 있을 때 명예와 성공을 모두 거머쥔 과학자였다. 물론 그만큼 과학적 업적을 많이 남긴 인물이기도 했다. 미래와 우주는 약속대로 톰슨에게 답장을 남겼다.

영국 웨스트민스터사원에 묻히신 윌리엄 톰슨 씨! 뉴턴 옆자리에 계신 것을 보니 살아생전 얼마나 많은 존경을 받았는지 알 것 같아요. 자료를 찾아보니 논문도 600편 넘게 쓰셨고 특허를

수십 건 내실 정도로 왕성하게 연구 활동을 하셨더라고요. 그중엔 말씀해 주신 절대온도도 있고, 열역학제이법칙(에너지가 확산된다는 엔트로피 증가 법칙)에 관한 것도 있나 봐요.

절대온도는 당연히 지금도 널리 쓰이고 있어요. 과학자들이 아주 사랑하죠. 절대온도 덕분에 온도의 뜻이 더 분명해졌고, 엔트로피(외부에 일을 할 수 없는 사용 불가능한 에너지와 관계 있는 물리량)도 깔끔한 수식으로 표현할 수 있게 되었거든요.

그런데 톰슨 씨의 실수도 발견했지 뭐예요. 지구의 나이를 잘못 추정하시는 바람에 다윈Charles Darwin, 1809~1882의 진화론에 반대 의견을 내셨더라고요. 게다가 나중에 방사성동위원소[2]가 발견되어 지구 나이를 정확히 알게 되었을 때에도 쉽게 인정을 하지 않으셨나 봐요. 하지만 여전히 많은 분들에게 존경받고 있으시니까 마음 놓으세요.

자연에서 존재할 수 있는 가장 낮은 온도, 절대온도 이야기 정말 흥미로웠습니다. 재미난 이야기 들려주셔서 정말 감사해요!

2 원자 번호는 같으나 질량수가 서로 다른 원소. 양성자의 수는 같으나 중성자의 수가 다르다.

섭씨온도와 절대온도

◆ 섭씨온도 : 스웨덴의 천문학자 셀시우스가 1기압일 때 물의 어는점을 0℃, 끓는점을 100℃로 하고 그 사이를 100등분해 눈금을 매긴 온도 단위. 오늘날 대부분의 나라에서 쓰인다.

◆ 절대온도 : 영국의 물리학자 톰슨이 제안한 것으로, 분자운동의 활발한 정도를 기준으로 한다. 즉, 분자의 운동에너지가 0이 되는 온도인 -273℃, 정확히는 -273.15℃를 절대영도(0K)로 하여 제안한 온도 단위이다. 섭씨온도와 비교했을 때 기준점만 -273으로 낮아졌을 뿐 눈금 간격은 같으며, 과학 연구에 쓰인다. 섭씨온도에 273을 더하면 절대온도이다.

에너지와 절대영도

모든 물질은 수많은 원자나 분자로 이루어져 있으며, '열' 은 물체 내부에서 불규칙하게 진동하는 '분자들의 운동에너지' 로 정의할 수 있다. 이때 온도는 이러한 분자 운동에너지의 평균값으로 정의된다. 분자의 운동은 무한정 빨라질 수 있으므로 온도는 끝없이 올라갈 수 있다. 그러나 멈추는 것에서 더 줄어들 수는 없으므로, 분자의 운동에너지는 0 이하로 낮아질 수 없다. 톰슨은 이때의 온도를 절대영도(0K)로 정의하였다.

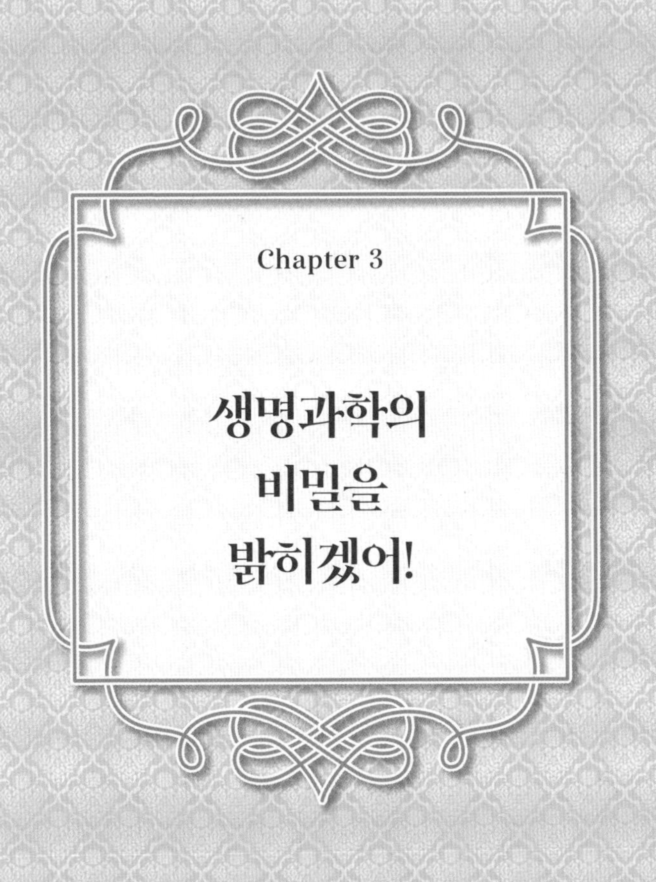

Chapter 3

생명과학의 비밀을 밝히겠어!

09

그래도 혈액은 돈다
- 윌리엄 하비, 혈액순환 발견

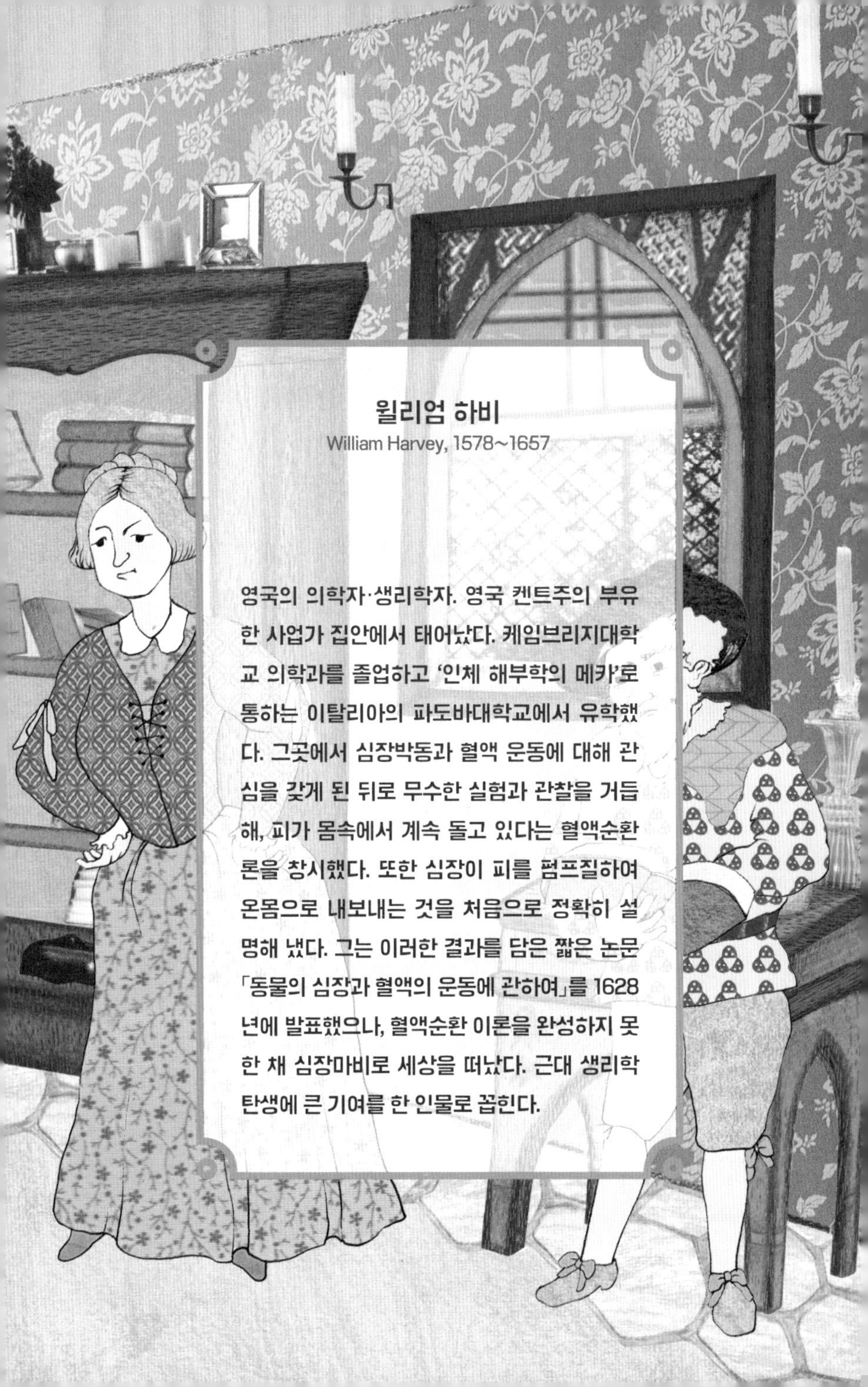

윌리엄 하비

William Harvey, 1578~1657

영국의 의학자·생리학자. 영국 켄트주의 부유한 사업가 집안에서 태어났다. 케임브리지대학교 의학과를 졸업하고 '인체 해부학의 메카'로 통하는 이탈리아의 파도바대학교에서 유학했다. 그곳에서 심장박동과 혈액 운동에 대해 관심을 갖게 된 뒤로 무수한 실험과 관찰을 거듭해, 피가 몸속에서 계속 돌고 있다는 혈액순환론을 창시했다. 또한 심장이 피를 펌프질하여 온몸으로 내보내는 것을 처음으로 정확히 설명해 냈다. 그는 이러한 결과를 담은 짧은 논문 「동물의 심장과 혈액의 운동에 관하여」를 1628년에 발표했으나, 혈액순환 이론을 완성하지 못한 채 심장마비로 세상을 떠났다. 근대 생리학 탄생에 큰 기여를 한 인물로 꼽힌다.

의사들에게 욕을 먹는 의사

미래는 도서관에서 엘리베이터를 타고 내려오다가 다음과 같은 안내문을 보았다.

건물에 제세동기가 비치되어 있으니
사용법을 숙지하고 응급 시 활용하시오.

제세동기는 심장에 강한 전류를 순간적으로 보내서, 규칙적인 심장 박동의 리듬을 찾도록 하는 장치다. 그러고 보니 미래는 언젠가 뉴스에서 한 시민이 제세동기를 이용해 위험에 빠진 사람을 구했다는 소식을 접한 적이 있었다.

'나도 만일을 위해 사용법을 익혀 둘까?'

미래는 이런저런 생각을 하다가 갑자기 궁금한 점이 생겼다.

'그런데 왜 심장은 쉴 새 없이 뛰어야 하지? 심장이 잠시라도 멈추면 큰일 나는 걸까?'

엘리베이터에서 내린 미래는 도서관 문을 나서다가 천둥소리와 함께 낯선 건물에서 불꽃이 번쩍이는 것을 보았다. 가까이 가 보니 그곳은 미스터리 과학 카페였다.

미래가 카페 문을 열고 들어서자 시끌벅적한 소리가 들렸다.

"이보게 하비, 피가 돈다고 주장하다니! 당신 머리가 돈 거 아냐?"

"그러게, 대단한 서큘레이터 나셨어. 위대하신 갈레노스Claudios Galenos, 129~199를 반박했다지. 의사 맞아?"

갈레노스가 쓴 의학책을 옆구리에 낀 사람들이 하비라고 불린 남자를 향해 비아냥거리듯 소리치고 있었다. 하비는 그들에게 다가가 목소리를 높여 말했다.

"서큘레이터라고? 내가 무슨 돌팔이 의사라도 된다는 말인가?"

"쯧쯧, 자기 욕하는 건 잘 알아듣는구만."

사람들 뒤에서 대화를 듣고 있던 미래는 서큘레이터라는 말에 비하의 뜻이 담겼음을 눈치챘다. 이쯤 되면 자존심이 상할 법도 한데, 하비는 의견을 굽히지 않았다.

"이봐. 말귀를 못 알아듣는 건 당신들일세. 갈레노스가 위대한 의사기는 하지만, 머나먼 고대 사람이야. 지금이 어느 시대인데, 언제까지 2세기의 이론에 머물러 있을 텐가? 대체 피가 도는 게 아니라면, 그 많은 피가 어디서 계속 생겨난단 말인가?"

"이 책을 보라고! 갈레노스가 모든 피는 간에서 만들어져 온몸에서 쓰인 뒤에 없어진다고 하지 않았나?"

"피가 간에서 만들어진다는 증거는 있나? 갈레노스의 책을 아무리 열심히 읽어도 나는 이해가 가질 않네. 실제로 그 시절에 직접 인체를 해부해서 확인한 것도 아니고, 뚜렷한 증거도 없는데 무조건 믿는 게 능사는 아닐세. 난 적어도 실험을 통해 그의 주장을 반박했다고!"

하비가 답답해하는 표정으로 외치다 갑자기 자신의 팔뚝에서 혈관을 찾자, 사람들은 이내 방문을 닫고 나가 버렸다. 웅성거림이 잦아들고 나서 하비는 미래에게 다가와 말했다.

"저 사람들, 인체를 제대로 해부해 보기나 하고 저런 소리를 하는지 모르겠어. 괜히 나를 서큘레이터라며 손가락질하는데, 날 비하하는 말이라네. 내가 혈액순환(blood circulation) 이론을 주장하니까 이런 별명을 붙인 거야. 우리 시대에 '서큘레이터'라는 말은 라틴어로 '엉터리 약장사'를 뜻하거든. 아, 정말 난 억울하네. 내 이야기 한번 들어 볼래?"

"좋아요. 그런데 얼핏 들어도 제게는 하비 씨의 주장이 아주 당연하게 느껴질 정도로 익숙하거든요. 왜 저 사람들은 인정해 주지 않을까요? 저는 그게 더 궁금해요."

심장 연구에 미친 의사

답답한 표정의 하비가 말을 이었다.

"나는 어릴 때부터 의학에 관심이 많았다네. 케임브리지대학교에서 의학을 공부하고, 인체에 대해 더 자세히 배우기 위해 이탈리아에 있는 파도바대학교로 유학을 갔어. 그곳은 베살리우스Andreas Vesalius, 1514~1564라는 저명한 의사를 배출한 곳인데, 해부학 과목의 명성이 자자한 곳이었지. 세계 최초로 실습을 겸할 수 있는 해부학 강의실이 있었고 훌륭한 교수님도 많았어. 나는 이런 환경에서 심장을 연구하다가 오랫동안 진리라고 믿어 왔던 갈레노스의 의학이 틀렸음을 깨닫게 됐어.

갈레노스는 2세기경 고대 그리스에 살았던 의사야. 그는 인체의 작용을 '소화·호흡·신경'의 세 가지 체계로 나누었고, 정맥피는 소화, 동맥피는 호흡과 관계가 있다고 생각했지. 그에 따르면 인체의 정맥피는 간에서 만들어진다고 생각했어. 그 피가 정맥을 따라 온몸으로 흘러가 영양분을 전달한 뒤 소모된다는 거야. 정맥피 중 일부는 심장의 우심실에서 좌심실로도 가는데, 이때 두 심실을 가르는 벽인 격막에 구멍이 있어서, 이 구멍을 통과해 피가 이동한다고 했지. 격막 구멍을 통과한 혈액은 좌심실에서 폐정맥을 통해 폐에서 들어온 공기와 만나 동맥피가 된다고 보았고, 그 후 동맥피는 동맥을 따라 온몸으로 흘러가 생기를 전달하며 소모된다고 했어. 갈레노스는 이와 같은 결론을 개나 원숭이 등 동물의 장기를 해부해 얻었어. 인체를 훼손하는 것은 신의 섭리를 어긴다며 금기시되었기 때문에 당시에는 그 방법이 최선이었지.

그러다 16세기에 이르러 허가를 받아 시신을 해부할 수 있게 되었어. 물론 이때도 이탈리아에서만 가능했지만, 예전보다는 훨씬 해부학 연구의 문턱이 낮아진 셈이지. 인체를 해부할 수 있게 되자, 곧 갈레노스의 오류가 하나둘 드러나기 시작했어. 해부학 교수 베살리우스는 심장의 격막에 구멍이 없다는 사실을 알아냈단다. 더불어 그는 갈레노스가 공기의 통로라고 생각했던 폐정맥에는 공기가 아닌 혈액이 들어 있음을 발견했지. 이로써 격막 구멍을 통해 혈액이 우심실에서 좌심실로 이동한다는 이론은 틀렸음이 밝혀졌어. 그 이후에도 여전히 의사들은 두 심실 사이에 혈액이 어떤 과정으로 이동되는지 설명하고 싶어 했고, 그 대안으로 심장(우심실)에서 나간 혈액이 폐를 통과한 후 다시 심장(좌심방)으로 돌아오는 폐순환 이론이 등장했어. 에스파냐의 의사 세르베투스Michael Servetus, 1511~1553가 처음으로 주장했단다. 그는 혈액이 우심실에서 폐동맥을 거쳐 폐로 이동하고, 폐로 이동한 혈액은 폐에 들어온 신선한 공기와 결합한 뒤 폐정맥을 통하여 좌심방으로 들어감으로써 폐순환이 완성된다고 주장했어. 세루베투스는 폐순환 이론을 주장했다는 이유로 종교재판을 받아 안타깝게도 화형에 처해졌지만, 이 이론을 통해 우심실의 혈액이 어떻게 좌심방으로 들어가게 되는지는 어느 정도 가늠할 수 있었지.

하지만 갈레노스의 이론에는 아직 해결되지 않은 문제들이 남아 있었어. 갈레노스에 따르면, 혈액이 간에서 만들어져 정맥을 통해 온몸으로 흘러가 소모된다고 했는데 그것은 사실일까? 또한 갈레노스는 심장 운동을 설명하면서 심장이 팽창을 통해 밖으로부터 혈액을 끌어들인다고 보았는데 이 설명도 맞을까? 나는 끊임없이 질문을 던졌어.

그러다가 판막을 관찰하면서 중요한 발견을 하게 되었어. 판막은 이미 파도바대학교의 콜롬보Realdo Colombo, 1516~1559 교수가 폐정맥에 존재한다는 것을 발견했고, 내 스승이었던 파브리키우스 교수Geronimo

Fabricius, 1537~1619는 온몸에 흩어진 정맥에서도 판막을 찾아냈지. 나는 정맥을 잘라 가느다란 철사를 집어넣어 보았는데, 철사가 심장 쪽으로는 쉽게 들어갔지만 반대 방향으로는 잘 들어가지 않는 거야. 나는 정맥 안쪽에 달려 있는 판막이 하는 역할은 혈액이 몸 쪽으로 흐르는 것을 막고, 심장 쪽으로 흐르도록 돕는 것이라고 결론 내렸단다. 정맥피가 간으로부터 온몸으로 퍼져 나간다는 이론은 잘못되었다고 주장한 것이지. 물론 의사들은 내 결론을 받아들이지 않았어. 갈레노스가 말한 방향과는 정반대였기 때문이야. 그들은 정맥의 판막이 혈액의 흐름을 막는 것은 아니고, 단지 속도를 늦출 뿐이라며 갈레노스의 이론을 여전히 옹호했지. 어휴, 답답한 사람들 같으니라고!"

그래도 피는 돈다

"이제 심장의 운동에 대해 이야기해 볼게. 심장은 1분에 수십 번씩 수축했다 팽창하는 박동 운동을 해. 갈레노스는 밖으로부터 피를 끌어들이는 팽창 운동에 초점을 두었지만, 나는 밖으로 피를 밀어내는 수축 운동에 심장의 제 역할이 있다고 생각했어. 마치 기계식 펌프가 동력에 의해 물을 퍼 올리는 것처럼 심장이 수축하면서 벽이 두꺼워지고 심실이 축소되면서 피를 밖으로 밀어낸다는 결론을 얻었지.

그렇다면 심장은 박동 운동을 통해 하루 동안 얼마나 많은 양의 피를 내보낼까? 나는 이 양을 직접 계산해 보기로 했어. 동물실험을 근거로 사람의 심장이 한 번 박동할 때 밀어내는 혈액(동맥혈)의 양을 추정해 계산하니 약 두 스푼이었어. 여기에 하루 동안 심장이 박동하는 횟수를 곱하니 무려 십만 스푼, 거의 300kg에 해당하는 양의 동맥혈을 심장이 배출하고 있었지. 이는 사람 몸무게의 몇 배에 달하는 양으로, 하루 동안 섭취하는 음식물의 양보다도 훨씬 많았어. 결국 음식물로 그 많은 혈액을 만드는 것은 불가능해 보였지. 이 문제를 해결하기 위해 내가 내세운 가설은 '피는 소모되는 게 아니라 순환한다'는 거야. 나는 '심장이 수축하면서 동맥을 통해 온몸으로 혈액을 보내고, 온몸의 혈액은 정맥을 통해 심장으로 돌아온다'는 혈액순환 개념을 떠올리기에 이르렀지.

나는 혈액순환을 설명하기 위해 '결찰사 실험'을 선보였어. 결찰사 실험에 대해 설명해 줄게. 결찰사는 채혈을 할 때 팔 위쪽에 묶는 끈이야. 나는 팔 위쪽에 결찰사를 묶어서 피부 깊숙이 위치한 동맥과 살갗 겉으로 퍼렇게 드러난 정맥의 흐름을 모두 차단시켰지. 그랬더니 피부가 창백해지고 손이 차가워졌어. 동맥과 정맥이 모두 막혔기 때문이지. 그다음 끈을 조금 느슨하게 해서 동맥의 압박을 풀어 주었더니 팔이 따뜻해지고, 아래팔 부분의 정맥은 부풀어 올랐어. 그 이유를 나는 다음과 같이 생각했지. 동맥의 압박을 풀어 주니까 혈액이 동맥을 타고 손까지 흐를 수 있던 거야. 그리고 이제 손까지 흘러갔던 혈액은 다시 정맥을 타고 심장으로 돌아와야 하는데, 돌아오는 길에 실로 묶인 곳에서 막혀 멈춰 버린 거지. 그래서 정맥이 부풀어 오른 것이고."

"그 실험을 보여 주었을 때 사람들의 반응은 어땠나요?"

미래가 눈을 반짝이며 묻자, 하비는 다음과 같이 대답했다.

"아까 그 사람들과 같았지, 뭐! 심장과 동맥, 정맥과 심장 사이의 혈액 흐름은 어느 정도 설명이 됐지만, 동맥과 정맥의 연결 고리는 찾지 못했거든."

미래는 눈을 반짝이며 말했다.

"아, 그래서 사람들이 쉽게 인정을 하지 않았군요. 저는 과학 시간에 배워서 답을 알고 있어요. 동맥과 정맥 사이에는 모세혈관이 있어요. 가느다랗고, 무척 길고, 온몸 곳곳에 퍼져 있다고 배웠어요. 심장이 내뿜는 깨끗한 혈액은 동맥에서 모세혈관을 거쳐 정맥으로 흐르죠. 정맥은 이산화탄소와 노폐물이 많은 혈액을 수거해 다시 심장으로 되돌아오는 것이고요."

"오호, 그렇구나! 나도 그럴 거라고 예상은 했다만 어떻게 확실히 알아낸 거지? 어쨌든 내가 혈액순환론을 내놓은 게 1628년인데, 세월이 좀 흐르니 사람들이 점차 받아들이긴 했어. 모세혈관이라니! 네 이야길 들으니 내가 죽은 뒤의 일도 궁금해지는걸."

"그럼 집에 돌아가 찾아보고 자세히 말씀드릴게요. 편지를 기다려 주세요!"

하비 씨! 당신은 심장에 미쳐 있었나 봐요.
오랫동안 심장에 집착했던 당신은 박동이라는 심장의 펌프질이 혈액을 순환시킨다고 보았고, 이를 밝혀내기 위해 과학적인 추론과 실험을 했죠. 그동안 의학계에서는 쉽게 볼 수 없던 일이었어요. 그 덕분에 오늘날 당신은 '생리학의 아버지'라 불리고 있답니다. 이 사실을 아신다면 무척 자랑스러우실 텐데요!
모세혈관 이야기를 이어서 해 드릴게요. 당신이 돌아가시고 몇 년 뒤인 1661년, 이탈리아의 의사 마르첼로 말피기Marcello Malpighi, 1628~1694가 모세혈관의 존재를 발견했답니다. 모세혈관은 수십 마이크로미터의 굵기로 매우 얇아서 해부를 해도 눈에 잘 보이지 않는대요. 말피기는 현미경으로 모세혈관을 관찰할 수 있었죠.
모세혈관에서는 혈액과 세포가 뭔가를 계속 서로 주고받는다고 해요. 모세혈관의 혈액이 매우 느리게 흐르고 혈관 벽이 매우 얇아서 가능한 일이래요. 이제는 하비 씨보다 제가 혈액에 대해 더 많이 알고 있는 것 같아 뿌듯해지는걸요.

혈액순환의 종류와 과정

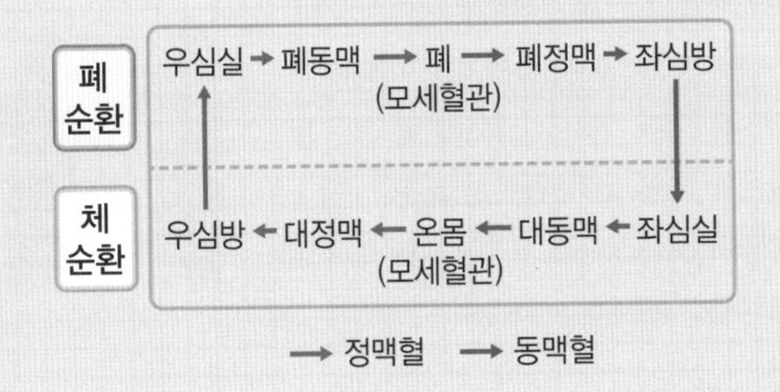

혈액은 심장이 수축하고 이완하는 운동인 박동에 의해 온몸에 퍼져 있는 혈관을 따라 순환한다. 이는 기체를 주고받는 폐순환과 영양소와 노폐물 등을 주고받는 체순환으로 나뉜다. 체순환과 폐순환은 연결된 하나의 순환이다. 체순환을 거친 혈액이 이어서 폐순환을 거치고, 다시 이를 반복하는 식이다.

◆ 폐순환(허파 순환) : 우심실에서 나온 혈액이 폐를 지나면서 이산화탄소를 내보내고 산소를 받아 좌심방으로 돌아오는 과정

◆ 체순환(온몸 순환) : 좌심실에서 나간 동맥혈이 온몸을 돌면서 조직 세포에 산소와 영양소를 제공하고 이산화탄소와 노폐물을 받아 우심방으로 돌아오는 과정

정맥 판막의 역할

판막은 정맥혈이 한 방향으로만 흐르게 한다. 이것은 혈액이 말초에서 중심 쪽으로 흐를 때 열리며(왼쪽 그림), 거꾸로 흐르려 할 때는 닫혀서(오른쪽 그림) 피가 위로만 흐르게 한다. 이런 판막이 있기에 다리 정맥에 있는 피가 심장까지 무사히 올라올 수 있다.

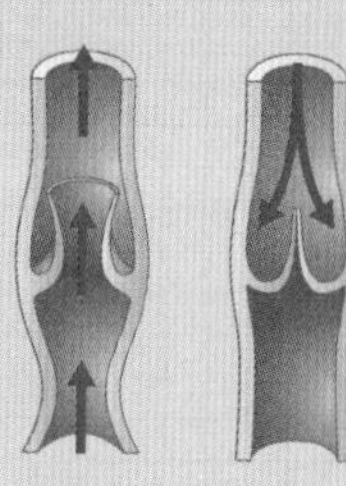

혈액순환 과정을 나타낸 그림

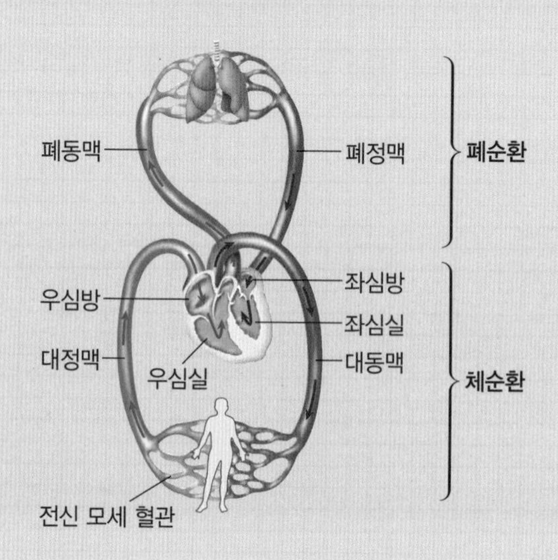

10

유전자지도를 그려라!

- 토머스 모건, 유전자지도 작성

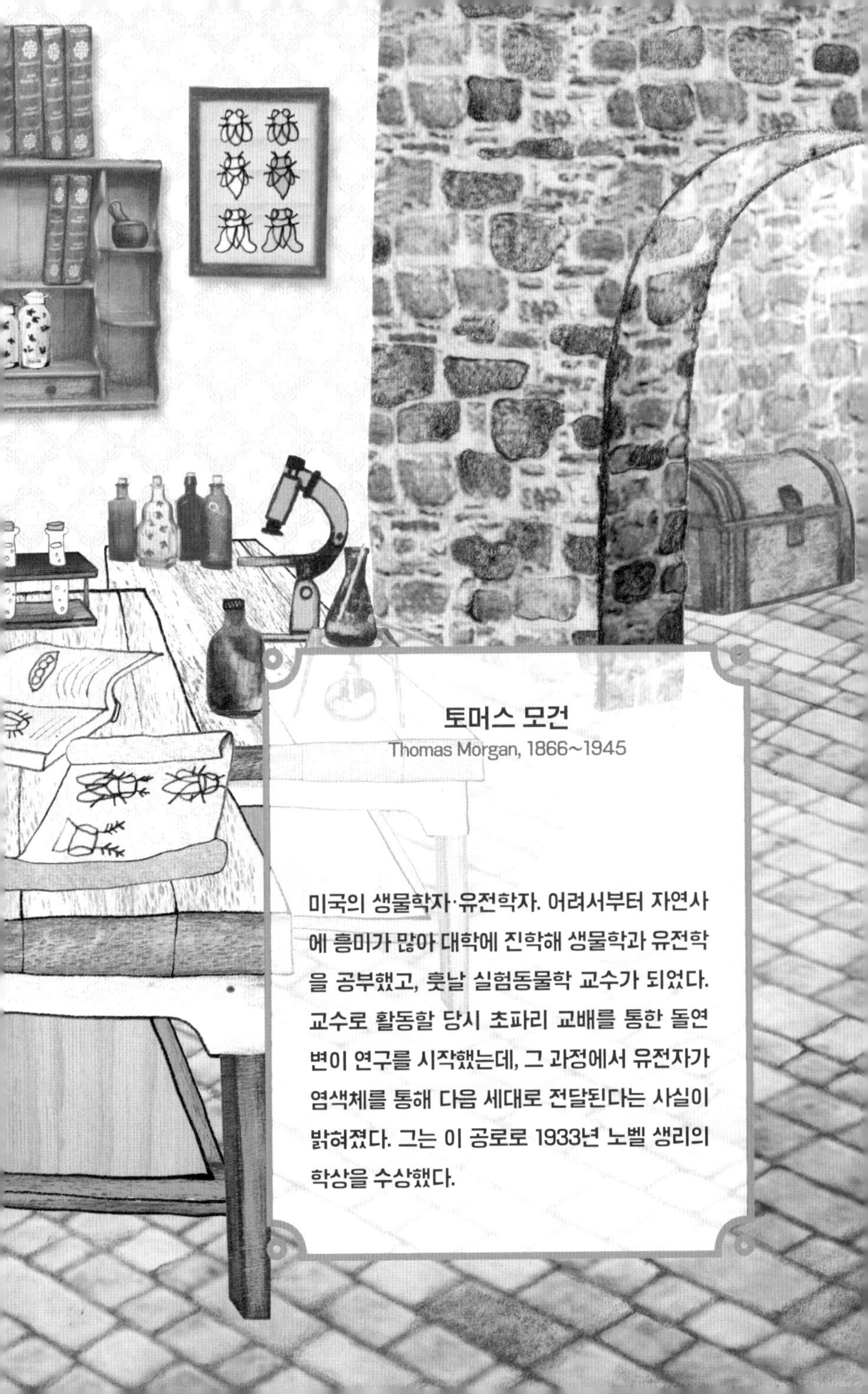

토머스 모건
Thomas Morgan, 1866~1945

미국의 생물학자·유전학자. 어려서부터 자연사에 흥미가 많아 대학에 진학해 생물학과 유전학을 공부했고, 훗날 실험동물학 교수가 되었다. 교수로 활동할 당시 초파리 교배를 통한 돌연변이 연구를 시작했는데, 그 과정에서 유전자가 염색체를 통해 다음 세대로 전달된다는 사실이 밝혀졌다. 그는 이 공로로 1933년 노벨 생리의학상을 수상했다.

초파리를 사랑하는 과학자, 토머스 모건

토요일 오후, 우주와 미래는 도서관에서 '생물의 다양성과 진화'라는 제목의 특강을 들었다. 자연사를 연구하는 박사님의 강연이었다.

"음, 지구 생명체들은 그동안 진화를 통해 다양한 종(種)을 탄생시켰지. 그런데 최근에는 서식지가 파괴되고 기후변화가 일어나, 상당수가 멸종 위기에 처해 있어."

"와~, 우주 열심히 들었는데? 인정!"

둘이 자못 진지하게 앞날을 걱정하며 강의실을 나서는 순간, 초파리 한 마리가 우주의 얼굴로 날아들었다. 손을 휘저어 쫓아내자 초파리는 웬 낯선 건물로 날아갔다. 그곳은 음산한 기운이 감도는 미스터리 과학 카페였다.

카페 안에는 더욱 많은 초파리들이 있었다. 녀석들은 선반을 비롯해 테이블 위에 놓인 우유병 모양의 유리병들 속을 까만 점처럼 채우고 있었다. 얼핏 봐도 병 하나에 수십 마리는 들어 있는 듯했다. 이 초파리들을 보며 두 남자가 대화를 나누고 있었다.

"모건, 왜 이렇게 많은 초파리들을 기르고 있나?"

"멘델Gregor Mendel, 1822~1884 선생님! 이 초파리들이 제게는 선생님의 완두콩이나 마찬가지랍니다."

"아하, 이것들로 유전 실험을 하고 있나 보군."

"제대로 보셨습니다. 초파리는 몸집이 작아 키우기 쉽고, 수명도 짧은 데다 새끼도 많이 낳죠. 유전 연구를 하는 데 안성맞춤이에요."

멘델이 그럴싸하다는 듯이 고개를 끄덕이자, 모건은 유리병에서 초파리 한 마리를 꺼내 보여 주며 말했다.

"이 녀석을 자세히 보세요. 눈 색깔이 보통의 초파리들과는 달리 흰색이죠. 이 흰 눈 초파리는 제가 몇 년을 기다려 얻은 돌연변이예요. 이 녀석 덕분에 제가 선생님의 이론을 받아들이게 되었답니다."

"그게 무슨 소리인가?"

"저는 당신의 이론을 싫어했어요. 완두콩 실험을 통해 얻은 당신의 유전법칙이 너무 단순하다고 생각했거든요. '완두콩은 쭈글쭈글하거나 둥글고, 키가 크거나 작다'고 했는데 이런 이분법적 분석으로는 복잡한 유전 현상을 설명할 수 없다고 보았죠. 그런데 이 흰 눈 초파리로 실험을 해 보니, 당신의 유전법칙이 그대로 나타났습니다. 저는 당신의 생각을 받아들일 수밖에 없었습니다."

"그래? 흰 눈 초파리가 자네에게 대체 무엇을 보여 준 거지? 나도 함께 들을 테니, 저기 서서 우리 대화를 엿듣고 있는 소년에게 그 이야기를 좀 들려주게나."

"오, 그럴까요?"

조그만 초파리로 유전자지도를 만들기까지

"먼저 내가 무엇을 공부했는지부터 이야기해 주어야겠군. 난 스무 살부터 존스홉킨스대학교에서 생물학을 공부했고, 몇 년 뒤 바다거미 연구로 박사 학위를 받았어. 바다거미가 거미에 가까운지 게에 가까운지 현미경으로 살펴보며, 생명의 나무(지구상 모든 생물들의 진화 계획을 나타낸 나무)에서 어디쯤 위치하는지를 찾아냈지. 그러고 나서 한동안은 지렁이 연구에 빠졌다가 컬럼비아대학교의 실험동물학 교수가 되었고, 그곳에서 초파리를 실험동물로 하여 유전 연구를 시작했어. 초파리는 과일이 발효되는 냄새를 좋아하고, 술에 취하면 이상행동을 보이기도 하는 곤충이야. 이제는 내 실험실에서 작은 유리병에 갇힌 채 개체 수를 엄청나게 불리며 수십, 수백 대를 이어 온갖 실험의 대상이 되었어. 몸집이 작은 초파리는 다루기 쉬워 비용이 덜 들고, 12일밖에 살지 않는 데다 번식력도 강해. 따라서 대를 이어 나타나는 유전 현상을 관찰하기에 매우 적합하지.

먼저 나는 초파리를 통해 네덜란드의 식물학자 휘호 더프리스Hugo de Vries, 1848~1935가 주장한 '돌연변이설'을 확인해 보고 싶었어. 더프리스는 달맞이꽃 재배 실험을 하다가 새로운 형질(어떤 생명체가 갖고 있는 모양이나 속성)의 달맞이꽃을 발견했고, 새 형질이 다음 세대에도 유전된다는 것을 알게 되었어. 이 관찰을 바탕으로 1901년 '진화는 돌연변이가 원인이 되어 일어난다'는 '돌연변이설'을 주장했지. 나는 그가 달맞이꽃의 돌연변이를 발견했듯이 초파리의 돌연변이를 발견하고 싶었어. 하지만 쉽지 않았지. 극단적인 환경을 만들어 보려고 초파리 몸에 산이나 알칼리를 넣기도 하고, 초파리를 아예 오븐이나 냉장고에 갖다 넣어도 봤지만 소용없었어.

그러던 1910년 어느 날, 실험실의 유리병에서 눈 색깔이 다른 초파리가 발견됐어. 그 초파리는 그동안 보아 온 빨간색이 아닌 흰색 눈을 지니고 있었지. 나는 이 돌연변이 초파리(흰 눈 수컷 초파리)를 서둘러 붉은 눈의 암컷 초파리와 교배했어. 그리고 태어난 자식들이 알에서 깨어 어른 초파리가 되는 과정을 지켜봤지. 그랬더니 어른 초파리가 된 1,240마리 중 세 마리만 빼고 모두 붉은 눈이었어. 이것은 붉은 눈이 우성형질[1]이라 나온 결과일 거야.

나는 다음 차례로 붉은 눈 자식들 중 암컷 하나와 수컷 하나를 골라 두 번째 교배 실험을 했어. 그랬더니 이를 통해 얻은 잡종 제2세대 자손들은 붉은 눈 3,470마리와 흰 눈 782마리라는 결과가 나오더구나. 멘델의 유전법칙에 나오는 우성 대 열성 비율인 3 대 1과 거의 비슷한 결과였지. 멘델의 유전법칙 가운데 '분리의 법칙'에 따르면, 우성형질만 드러난 잡종 제1세대를 다시 자신들끼리 교배하면, 그 가운데서 우성형질과 열성형질[2]이 3 대 1로 나뉘어 나타나거든. 사실 나는 그동안 멘델의 주장에 줄곧 반대해 왔는데, 이 실험 결과는 그의 법칙

1 우성형질이란 대립형질을 지닌 양친을 교배했을 때, 잡종 제1대에 표현형(겉으로 나타나는 형질)으로 나타나는 형질을 말한다. 여기서 대립형질이란 하나의 형질에 대해 서로 뚜렷하게 구별되는 형질을 말하는데, 예를 들어 초파리의 흰 눈과 빨간 눈이 대립형질이다.

2 우성형질의 반대 의미로, 열성형질은 어느 특정한 성질이 우성으로 표현되었을 때 잡종 제1세대에서는 나타나지 않으며 잡종 2세대에서만 발현된다.

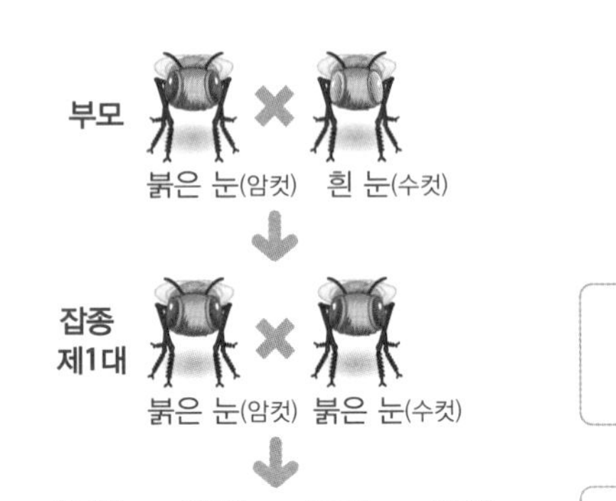

1,240마리 중
1,237마리 붉은 눈

2,459마리 붉은 눈 암컷
1,011마리 붉은 눈 수컷
782마리 흰 눈 수컷

을 받아들이라고 말하는 것만 같았어.

그뿐인가? 나는 이 실험에서 새로운 사실을 발견했어. 바로 잡종 제2대 자손들 중 열성형질인 흰 눈은 수컷에게서만 나타났다는 사실이지. 전체 암컷과 수컷의 수를 보면 비슷했지만, 눈 색깔에 따른 성별 비율은 큰 차이가 있었어. 붉은 눈 초파리의 수는 3,470마리 중 암컷이 2,459마리이고, 수컷은 1,011마리였어. 하지만 흰 눈 초파리는 782마리 모두 수컷이고, 암컷은 한 마리도 없었지. 이러한 결과가 나타난 이유를 설명하기 위해 나는 그동안 반대해 온 염색체설마저 끌어오기에 이르렀어.

염색체설은 '염색체 속에 유전을 전달하는 작은 입자(유전자)가 들어 있다'는 주장이야. 1903년 미국의 생물학자 월터 서턴Walter Sutton, 1877~1916이 내놓았지. 나는 초파리의 눈 색깔을 결정하는 유전자가 성염색체(암수의 성별을 결정하는 데 관여하는 염색체)인 X 염색체에 있다면 내 실험 결과가 말끔히 설명된다는 결론을 내리게 되었어. 생각해 보렴. 수컷 초파리는 X 염색체 1개와 Y 염색체 1개를 가졌고(XY), 암컷 초파리는 X 염색체 2개(XX)를 가졌지. 만약 어떤 유전자가 X 염색체에 실려 전달된다면, X 염색체가 2개일 경우 2가지 유전 지시를 받게 되고 1개일 경우에는 1가지 유전 지시만 받게 돼. 따라서 열성형질은 2가지 유전 지시를 받는 쪽에서는 잘 나타나지 않고, 1가지 유전 지시만 받는 성에서 더 많이 나타날 거야. 이런 원리로 초파리의 흰 눈도 암컷보다 수컷에서 훨씬 더 많이 나타난 것이지. 결국 나는 흰 눈 초파리 돌연변이 실험을 통해 그동안 반대해 왔던 멘델 법칙과 서턴의 염색체설을 받아들이게 되었어. 내 실험들은 오히려 그들의 이론을 뒷받침하고 있었지.

나는 염색체와 유전자의 세계에 더욱 깊이 빠지게 되었단다. 계속해서 돌연변이 실험을 해 나갔지. 실험을 통해 날개가 짧은 초파리, 분홍 눈의 초파리, 몸이 올리브색인 초파리 등 더 다양한 돌연변이들을 발견하게 되었단다. 실험실에서 기르는 초파리의 개체수도 엄청나게 늘어났어. 급기야 내 연구실 옆방은 '초파리실'이라고 불리며, 초파리 연구의 근거지가 되었지. 과일 썩은 내가 나는 데다가 바퀴벌레가 출몰하는 지저분한 곳이었지만, 나의 똑똑한 제자들은 이곳에서 멋진 연구들을 해냈지. 그중에서도 손꼽는 연구 성과로는 나의 제자 스터티번트Alfred Sturtevant, 1891~1970와 함께 초파리 유전자지도를 만든 일을 들

수 있어. 유전자지도는 염색체(DNA)에서 유전자의 위치와 유전자 간의 상대적 거리를 나타낸 지도로, 1차원 선으로 되어 있어. DNA에서 유전정보를 지닌 구간에만 따로 표시가 되어 있지."

우주는 유전자지도에 호기심이 생겼다.

"이 지도가 만들어지기까지 나는 궁금한 게 있었어. 초파리는 염색체를 겨우 네 쌍밖에 가지고 있지 않아. 하지만 내가 발견한 초파리 유전형질만 해도 수백 가지가 넘어. 그렇다면 염색체 하나에 유전자가 여러 개 있을 것이 분명하지. 그럼 이 유전자들의 형질이 한 염색체에 실려서 함께 유전될 수도 있지 않을까 하는 생각이 들었어. 나는 그 예를 찾아보다가, 같은 염색체 위에 있는 것으로 보이는 두 유전자를 발견했어. 날개가 짧은 초파리 유전자와 흰 눈 초파리 유전자였지. 처음에 난 이들이 같은 X 염색체 위에 있으니까 함께 유전될 것이라고 생각했어. 그런데 실험해 보니, 이 두 유전자가 항상 같이 행동하지는 않고, 서로 다른 염색체에 있는 것처럼 따로따로 행동하는 경우도 있더구나. 이것으로 보아, 염색체가 이따금씩 끊어져서 유전자가 서로 교환된 채 자손에게 전해지는 일이 일어난다는 결론을 내릴 수 있었지.

나는 어떤 유전자군이 한 염색체상에 있어 같이 유전되는 것을 '연관', 때때로 연관군의 일부가 상동염색체 사이에 교환이 일어나 새로운 유전자 조합의 염색체가 생기는 경우를 '교차'라고 부르기로 했어. 그리고 연관되어 있는 유전자들에게서 교차가 일어날 비율(교차율, 유전자의 교차가 일어나는 비율을 백분율로 나타낸 것)은 염색체 위에 위치한 유전자 사이의 거리가 멀수록 더 높을 것이라 보고, 스터티번트와 함께 몇몇 유전자의 교차율을 측정해 1911년에 첫 유전자지도를 만들었어. 그 뒤 1915년에는 초파리 염색체 네 쌍의 유전자지도가 각각 만들어졌고, 여기에는 100개가 넘는 유전자의 위치가 표시되었지. 나는 유전자지도 작성을 비롯하여 초파리 실험을 통해 유전학에 기여한 공로를 인정받아 1933년 노벨 생리의학상을 받았단다."

"와, 정말 대단하네요. 조그만 초파리를 갖고 이렇게 다양한 사실을 알아낼 수 있다니! 말씀을 듣고 보니 초파리가 달리 보여요."

우주는 모건의 말을 듣는 내내 감탄할 수밖에 없었다.

"하하, 초파리는 기억력도 좋고 사람과 닮은 구석이 많단다. 너희들이 사는 시대에는 초파리 인기가 시들해진 거니?"

"아직도 연구 중인 과학자들이 있을 거예요. 집에 가서 확인해 보고 알려 드릴게요."

모건 씨! 당신 덕분에 유전자가 염색체에 들어 있다는 사실은 의심할 바 없어졌지만, 유전자가 어떤 물질이고 어떻게 작용하는지는 한동안 몰랐더군요. 1953년에 왓슨 James Watson, 1928~ **과 크릭** Francis Crick, 1916~2004**이 DNA 이중나선 구조를**

밝혀내고 나서야 비로소 유전자의 모습을 확실히 알게 되었어요. 그 뒤 유전학은 눈부시게 발전했고, 21세기 들어서는 초파리 유전정보가 완전히 밝혀졌답니다. 초파리는 약 1만 4,000개의 유전자를 가졌고, 이들을 이루는 DNA 염기(고리 모양의 유기 화합물)는 약 1억 8,000만 개에 이르러요. 더불어 인간의 게놈(Genom, 유전체) 지도도 완성되었어요. 인간 게놈은 약 3만여 개의 유전자로 이뤄져 있는데, 염기 개수가 무려 30억 개에 달한대요. 최근에는 유전자 가위로 쥐나 사람의 유전자를 편집하는 기술까지 개발되어서 난치병을 치료하는 데에 쓰일 전망이죠. 유전학이 어디까지 발전할지 저도 정말 궁금해요.
참, 지금의 초파리는 예전만큼 슈퍼스타는 아니에요. 하지만 당신이 돌아가신 뒤에도 유익한 정보를 우리에게 많이 알려 주었나 봐요. 과학자들은 초파리로부터 체형을 만드는 유전자, 학습과 기억을 담당하는 유전자, 생체 시계를 조절하는 유전자 정보 등을 얻어 냈다고 해요. 그러니 너무 아쉬워하지 마세요.

과학책 열기

염색체와 유전자

염색체는 1870년대에 현미경으로 세포핵을 관찰하던 중 처음 발견되었다. 유난히 염색이 잘되어 '염색체'라는 이름을 갖게 되었다. 염색체는 크기와 모양이 비슷한 두 개가 쌍을 이룬 형태로 존재하는데, 이 한 쌍의 염색체를 '상동염색체'라고 한다. 초파리는 4쌍(8개)의 상동염색체를, 사람은 23쌍(46개)의 상동염색체를 갖는다. 이 중 1번부터 22번째 쌍까지의 염색체를 상염색체, 23번째 쌍의 염색체를 성염색체라 한다. 성염색체의 경우, 남자는 X염색체와 Y염색체를 각각 하나씩 가지고, 여자는 X염색체 2개를 가지고 있다.

한편 염색체 속에는 DNA가 이중나선으로 꼬여 들어가 있다. DNA는 유전자를 담고 있는 본체에 해당하며, 유전형질이 발현되는 것은 그 속에 있는 유전자(gene) 때문이다.

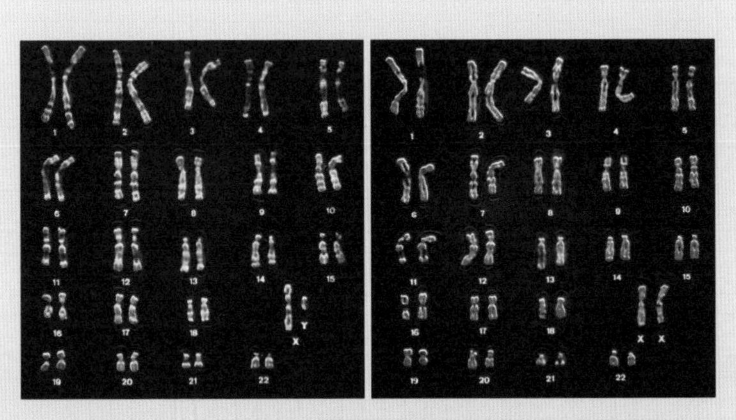

체세포에 들어 있는 염색체를 모양과 크기가 같은 것끼리 짝 지어 배열한 것. 왼쪽은 남성, 오른쪽은 여성의 염색체이다.

과학책 열기

유전자지도

염색체에서 유전자의 위치와 유전자 간의 상대적 거리를 나타낸 지도이다. 유전자지도는 1차원의 선으로 이루어져 있다. DNA에서 유전 정보를 가지고 있는 구간(유전자)만 표시해 놓은 것이 바로 유전자지도이다. 초파리의 유전자지도에서 각기 다른 색으로 표시된 지점에는 더듬이·날개·다리 길이와 형태, 눈·몸의 색깔 등을 표준형 혹은 돌연변이형으로 결정짓는 유전자가 위치한다.
아래 초파리의 유전자지도를 자세히 살펴보면, (그림 왼쪽에서부터) 긴 더듬이·짧은 더듬이, 긴 날개·뭉뚝한 날개, 긴 다리·짧은 다리, 회색 몸·검은 몸, 붉은 눈·자주색 눈, 긴 날개·흔적 날개, 곧은 날개·굽은 날개, 붉은색 눈·갈색 눈 등이 표시되어 있는 것을 알 수 있다.

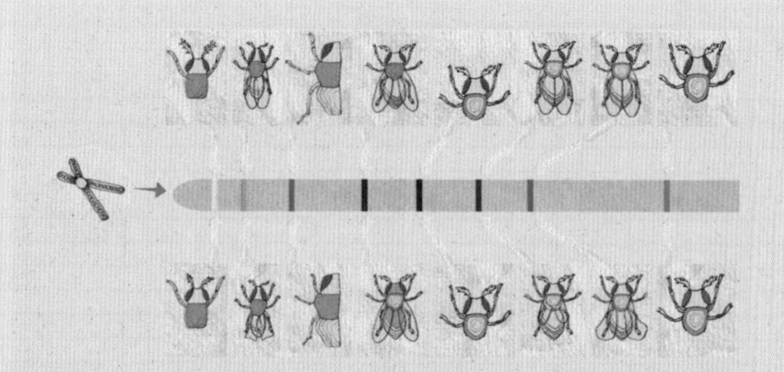

11

거봐, 호르몬 때문이라니까!

- 어니스트 스탈링, 호르몬 발견

Bentham

어니스트 스탈링

Ernest Starling, 1866~1927

영국 런던 출생의 생리학자. 케임브리지대학교에서 의학을 공부하고, 1900년 런던 유니버시티칼리지의 생리학 교수가 되어 그곳에서 평생 연구하였다. 개의 심장·폐 표본을 이용하여 심장 활동에 대한 '스탈링의 심장 법칙'을 세웠다. 또한 체내에서 소화액 분비를 유도하는 세크레틴이라는 물질의 작용을 발견하고 '호르몬'이라는 이름을 붙였다.

갈색 개 한 마리에서 비롯된 시위

미래는 하굣길에 우주를 발견하고서는 우주에게 달려가며 크게 소리쳤다.

"우주! 이번 달 콘텐츠 주제는 뭐야? 이번에 네가 정할 차례란 말이다!"

"급하기는! 그렇지 않아도 말하려던 참이었어. 나는 요즘 동물실험에 대해 고민하고 있어. 얼마 전 우리나라 어느 대학교 수의학과에서 복제견으로 실험하다가, 그 개가 죽는 바람에 논란이 되었잖아. 그런데 100여 년 전에도 동물실험 때문에 크게 시끄러웠던 적이 있대. 영국의 두 과학자와 관련되었다는데 알아보려고!"

우주가 기다렸다는 듯이 대답하자, 미래는 미소를 지었다.

"와, 흥미로운데? 그럼 100년 전에도 동물 보호에 대해 사람들이 인식했다는 거야? 관련 단체도 있고?"

"아마 그런 것 같아. 자세한 건 더 조사해 보고 알려 줄게. 기다려!"

우주는 미래와 헤어져 한적한 골목길로 들어섰다. 골목 어귀에는 낡은 자전거가 세워져 있었다. 그런데 갑자기 자전거 바퀴가 움직이더니 우주 쪽으로 오는 것이다. 당황한 우주는 잠시 고민하다가 자전거에 올라 페달을 밟았다. 바로 그 순간, 한적한 골목길은 1907년 영국 런던의 중심가로 바뀌었다. 런던 트라팔가 광장 옆 거리에는 대학생으로 보이는 젊은 군중들이 "갈색 개 동상을 치워라!"라는 말이 적힌 팻말을 들고 행진하고 있었다. 눈이 휘둥그레진 우주를 태운 자전거는 중심가를 지나 유니버시티칼리지런던(UCL)의 한 연구실로 달려갔다. 연구실 문에는 '어니스트 스탈링 교수'라고 적혀 있었다. 우주는 자전거를 세워 두고 조심스럽게 연구실 문을 열었다. 말쑥한 차림의 교수가 서류를 든 채 우주를 바라보았다.

"실례합니다. 저는 21세기에서 온 우주라고 합니다. 스탈링 교수님, 들어가도 될까요?"

"후, 어서 오게. 미스터리 과학 카페에서 온 친구군. 똘똘한 친구가 오니까 기다리라고 하더니, 잘됐네. 잠시 쉬려던 참이었는데, 자네와 이야기나 나눠야겠네!"

"교수님, 오는 길에 사람들이 시위하는 광경을 봤어요. 매우 화가 나 보였어요."

"응, 그 친구들은 대부분 의대생이야. 내가 가르치는 학교 학생들도 꽤 있었을 거야."

"갈색 개 동상을 치워 버리라고 큰 목소리로 외치던데요?"

"그게 말이야…. 흠, 내키지는 않지만 멀리서 왔으니 설명해 주지. 나는 베일리스William Bayliss, 1860~1924와 함께 획기적인 연구를 하고 있어. 베일리스도 나와 마찬가지로 생리학 교수이고, 내 여동생의 남편이기도 하단다. 1903년, 우리는 강의 시간에 테리어 품종의 갈색 개로 실험을 했지. 그런데 그때부터 일부 사람들이 동물실험을 반대하기 시작했어. 급기야 저기 템스강 건너 베터시 공원에 갈색 개 동상을 세웠단다. 갈색 개의 희생을 기리며 동물실험을 반대한다는 거야. 내가 가르치는 학생들은 그 개 동상이 나와 베일리스를 모욕한다고 생각해서 거리로 뛰쳐나갔지. 그중 과격한 녀석들은 갈색 개 동상을 망치로 때려 부수려고 했다는구나. 비록 실패하고 벌금만 물었지만 말이야."

"한쪽에서는 동물실험을 반대하고, 한쪽에서는 교수님을 두둔하고 있는 상황이군요. 그런데 교수님은 갈색 개로 무슨 실험을 하셨던 건가요?"

"앞서 이야기한 1903년의 그날, 나와 베일리스는 아주 중대한 발견을 실험으로 증명하려고 했다네. 하지만 갈색 테리어는 임무를 마치지 못하고 강의 도중에 죽었어. 그런데 알고 보니, 그 강의에 동물실험을 반대하는 두 명의 운동가가 청강생으로 위장하여 들어와 있었다네. 그들은 그날의 실험을 두고 '동물 학대에 관한 법률'을 어겼다고 주장했어. 개정된 법률에 따르면 동물실험을 할 때 한 마리의 동물을 하나의 실험에만 사용해야 하고, 동물이 고통을 느끼지 않도록 진통제를 투여해야 하는데 우리가 그것을 지키지 않았다는 거였지.

이어서 두 청강생은 『과학의 도살장』이라는 책을 써서 비난 여론을 불러일으켰어. 나는 이대로 두면 안 되겠다고 생각해서 이 책을 낸 출판업자를 상대로 명예훼손 소송을 했어. 소송에서 나는 실험으로 쓰인 갈색 개가 사실은 안락사될 예정이었기 때문에 다른 동물로 실험하느니 그 편이 나았다고 주장했어. 또한 당시 강의에 참석했던 한 학생은 갈색 개가 움찔했던 것은 진통제가 부족해 고통을 느꼈기 때문이 아니라 신경 반사 때문이라고 증언했어. 소송은 우리에게 유리하게 돌아갔고 출판업자는 거액의 배상금을 물어야 했지. 그럼에도 불구하고 동물실험 반대 운동가들은 여전히 뜻을 굽히지 않고 있어. 작년에 기어코 저 갈색 개 동상을 세웠지 뭐야."

우주는 스탈링 교수의 말에 귀를 기울였지만 조금은 혼란스러웠다. 스탈링은 이야기를 이어 갔다.

스탈링과 베일리스, 호르몬을 발견하다

"우리의 중대한 발견이란 게 뭔지 궁금하지 않니? 내가 1905년에 영국 왕립학회에서 이 발견에 대해 강의를 했지. 우리의 연구 내용을 쉽고 간단하게 요약해서 알려 줄게.

나와 베일리스는 소화작용에 대해 연구했어. 우리보다 앞서서 개를 이용해 소화기관을 연구한 러시아의 생리학자 파블로프 교수Ivan Pavlov, 1849~1936의 영향을 받았지. 그는 '소장에 음식물이 들어가면 소장에서 신호를 보내고, 신경을 통해 그 신호가 이자에 전해져 소화액이 나오게 된다'고 주장했어. 파블로프를 비롯해 이 시대의 많은 과학자들은 몸 안의 신호가 신경을 통해서만 전달된다고 생각하고 있었단다.

하지만 나와 베일리스의 생각은 달랐어. 1902년, 우리는 실험을 통해 새로운 사실을 알게 되었거든. 우리는 갈색 개 한 마리를 마취하고 소화관 근처에 있는 신경들을 모두 자른 뒤, 소장에 죽처럼 만든 산성 물질을 넣고 이자에서 소화액이 분비되는지 관찰했어. 파블로프가 맞다면 신호를 전달할 신경들이 모두 잘려 나갔으니 소장의 신호는 이자에 도달하지 못할 테고, 소화액도 나오지 않겠지. 결과는 어땠냐고? 놀랍게도 신경이 없는 상태에서도 소화액이 분비되었단다. 이를 토대로 나와 베일리스는 소화액을 분비시키는 것은 신경이 아니라 어떤 화학물질이라고 생각하게 됐어. 이어서 우리는 십이지장 안쪽 벽을 잘라 내어 화학물질을 추출하고, 이 화학물질을 개의 혈관에 주사하는 실험도 했어. 그랬더니 놀랍게도 소화액(이자액)이 분비되었단다.

이 실험 결과들로 보아, 이자액의 분비를 조절하는 것은 신경이 아니라 어떤 화학물질이고, 그 화학물질은 혈액을 통해 전달된다는 사실을 알 수 있었어. 우리는 이 화학물질을 '세크레틴'이라고 불렀단다. 몸 안에는 소화액을 분비하는 이자 외에도 뇌하수체, 갑상샘, 생식샘 등 분비샘들이 많으니, 세크레틴 같은 물질이 더 있음을 알 수 있지. 나는 이 물질들을 통틀어 '호르몬'이라고 부르기로 하고, 1905년 6월 런던 왕립학회의 저녁 강연에서 최초로 발표했단다. 호르몬은 '흥분시키다' 또는 '자극하다'라는 뜻의 그리스어 '호르메(horme)'에서 따온 말이야. 호르몬은 혈액을 통해, 호르몬을 만드는 기관에서 호르몬의 영향을 받는 기관으로 운반되지. 이 화학물질은 몸 안에서 계속 만들어져. 그런 뒤 혈액을 타고 몸속을 흐르면서 몸 안의 생리작용이 균형을 이루게 해 주지. 호르몬은 우리 몸이 건강하게 유지될 수 있도록 해 준단다."

스탈링이 이야기를 마치자, 우주가 간만에 아는 이야기가 나왔다는 듯이 반가워하며 말했다.

"아하, 호르몬이 그렇게 발견되었군요! 파블로프도 교수님과 비슷한 실험을 했지만, 화학물질이 직접 이동해서 신호를 전달한다는 생각은 미처 하지 못했나 봐요. 스탈링 교수님과 베일리스 교수님, 두 분 다 정말 대단해요! 제가 사는 시대에는 호르몬이라는 말이 익숙해요. 인간의 식욕이나 기분도 호르몬의 영향을 받는다고 들었어요. 키를 조절하는 호르몬도 있고, 잠과 관련된 호르몬, 스트레스 호르몬도 있대요. 심지어 식물에게도 호르몬이 있다는 말을 들었어요."

"다행히 내가 세상을 떠난 뒤에도 호르몬 연구가 계속되고 있나 보구나. 얘야, 호르몬의 개척자는 나와 베일리스라는 것 잊지 말아 줘."

우주는 스탈링과 작별 인사를 하고 20세기 초의 영국을 떠나 현재로 돌아왔다.

'호르몬에 대한 이야기는 참 재미있어. 자료를 더 찾아봐야겠어.'

우주는 호르몬과 관련된 기사와 방송 자료들을 찾아보고 스탈링에게 편지를 썼다.

스탈링 씨! 호르몬은 정말 재미난 주제인 것 같아요. 다시 21세기로 돌아와서 호르몬과 관련된 자료들을 찾아보았는데, 간단히 정리해서 메일을 드리려고 해요.
당신이 호르몬을 발견한 뒤로 '내분비학'이라는 학문이 따로 생겼어요. 정말 많은 연구가 진척되었더라고요. 그런데 뜻밖의 사실을 발견했어요. 선생님보다 먼저 호르몬의 원리를 파악한 과학자가 있다는 거예요! 아놀트 베르톨트Arnold Berthold, 1810~1861라는 독일의 생리학자 아시죠? 그분은 1848년경에 수탉의 고환을 떼어 내, 다른 수탉의 고환과 바꿔치기하는 실험을 했대요. 심지어 떼어 낸 고환을 원래 자리가 아닌 배 부분에 이식하는 실험도 했죠. 이때, 고환을 떼어 낸 수탉은 수탉이 할 법한 행동을 하지 않고 마치 암탉처럼 행동하다가, 고환을 배에 이식하자 여느 수탉과 같은 행동을 보였다고 해요. 이에 대해 베르톨트는 "고환이 어떤 물질을 혈액으로 내보내고, 그것이 온몸으로 퍼져 나가 특정한 목적지에 도달한다"고 말했대요. 하지만 거기까지였죠. 호르몬의 중요성을 일깨우고 확실히 개념 정립을 해 준 사람은 역시 스탈링 씨와 베일리스 씨가 맞는 것 같아요.
당신이 호르몬이라는 이름을 붙인 뒤로, 여러 발견이 이어졌어요. 프레데릭 밴팅Frederick Banting, 1891~1941은 여러 가지 당뇨병을 치료하는 인슐린 호르몬을 발견해서 1923년에 노벨상을 받았어요. 그런가 하면 오늘날에는 성호르몬인 에스트로겐(estrogen)과 테스토스테론(testosterone)에 대해서도 알려져서, 사춘기인 내 몸에 변화를 가져오는 주요한 원인이라는 것을 우리가 배우고 있죠.

그런데 사람들은 이렇게 작지만 강력한 화합물인 호르몬을 활용해야겠다는 유혹에 자주 빠져드는 것 같아요. 노화를 늦추는 장수 호르몬을 찾는가 하면, 사랑의 호르몬이라고 불리는 옥시토신을 담은 스프레이를 뿌리거나 흡입하는 사람들도 있어요. 하지만 호르몬은 아직 분명하게 밝혀지지 않은 것들이 훨씬 더 많아 보여요. 물론 몸속 분비샘에서 분비되는 작은 양의 어떤 물질이 특정 기능과 관련 있다는 것은 확실하지만, 그게 호르몬 혼자의 역할인지도 아직은 알 수 없고요. 호르몬을 몸속에 주입해서 양을 늘리면 특정 기능이 활성화되는지에 대해서도 논란이 있어요. 호르몬은 신기하고 대단하지만, 앞으로 밝혀질 게 더 많은 분야인 것 같아요.

그래도 호르몬이 저에게 알려 준 게 더 많아요. 평소 생체 호르몬을 흉내 내어 우리 몸의 조절 기능을 망가뜨릴 수 있는 환경호르몬은 조심하려고요. 플라스틱 제품에 사용되는 프탈레이트나 비스페놀 A 같은 물질은 주의력결핍과잉행동장애(ADHD)나 비만을 일으킬 수 있는 데다, 어떤 환경호르몬은 다음 세대까지 영향을 미친다고 하니까 말이에요.

스탈링 씨 덕분에 즐거운 호르몬 여행을 했어요. 다만, 동물실험에 대해서는 제 생각을 짧게 말씀 드려 볼까 해요. 당신의 연구를 비롯하여 오늘날의 생명과학과 의학은 사람의 수명을 늘리고 더 건강하게 살 수 있게 도와주고 있어요. 이러한 발달은 어쩌면 수많은 실험동물들의 희생을 발판으로 한 것인지도 몰라요. 인간의 필요에 의해 어쩔 수 없이 다른 종의 희생이 뒤따르는 것이죠. 그렇다면 실험동물의 고통을 최대한으로 줄이고, 살아 있는 동안은 행복하도록 해 줘야 하지 않을까요? 더 나아가 동물실험 대신 다른 방법은 없는지 찾기 위해 노력해야 하고요. 이것이 함께 살아가는 생명으로서의 도리가 아닐까 생각해 봅니다.

과학책 열기

호르몬이란?

호르몬은 우리 몸의 특정 부위에서 분비되는 화학물질을 말한다. 호르몬이 분비되면서 몸의 여러 부분에 신호를 전달하고 자극하는데, 이를 통해 신체 기관들의 기능을 조절한다.

호르몬의 진실과 거짓

호르몬의 작용에 관해서는 아직 밝혀지지 않은 부분이 많다. 예를 들어, 1960년대 미국의 한 부모는 키가 작은 아들에게 성장호르몬을 투여하면 키가 커질 것이라고 믿었다. 성장호르몬은 뇌하수체에서 분비되므로, 많은 양의 뇌하수체가 필요했다. 그리하여 전국 각지에 사연을 보내 어마어마한 양의 뇌하수체를 확보했고, 아들은 충분한 양의 성장호르몬을 투여받을 수 있었다. 그러나 기대와 달리 아들의 키는 눈에 띄게 크지 않았다. 키가 조금 크기는 했으나, 성장호르몬의 효과인지조차 확신할 수 없었다. 게다가 성장호르몬의 부작용인 크로이츠펠트-야콥병(뇌에 스펀지처럼 구멍이 뚫려 신경세포가 죽음으로써 뇌 기능을 잃는 병)에 걸리기까지 했다. 1980년대에 영국·프랑스 등에서 성장호르몬을 투여받은 청소년 중 수백 명이 이 병으로 사망했다. 그 후 뇌하수체 추출 성장호르몬은 사용이 금지되었다.

한편 '옥시토신' 은 공감 능력이나 친밀감과 관련된 호르몬이라는 점에서 자폐아의 사회성을 개선하는 데 도움이 될 수도 있다는 연구가 진행되고 있다. 그러나 어떤 연구들은 이것이 플라세보효과(의사가 효과 없는 가짜 약이나 치료법을 환자에게 제안했는데, 환자가 진짜 약으로 믿어서 병세가 호전되는 현상)에 지나지 않거나, 호르몬의 효과나 기능이 부풀려졌다고 평가한다.

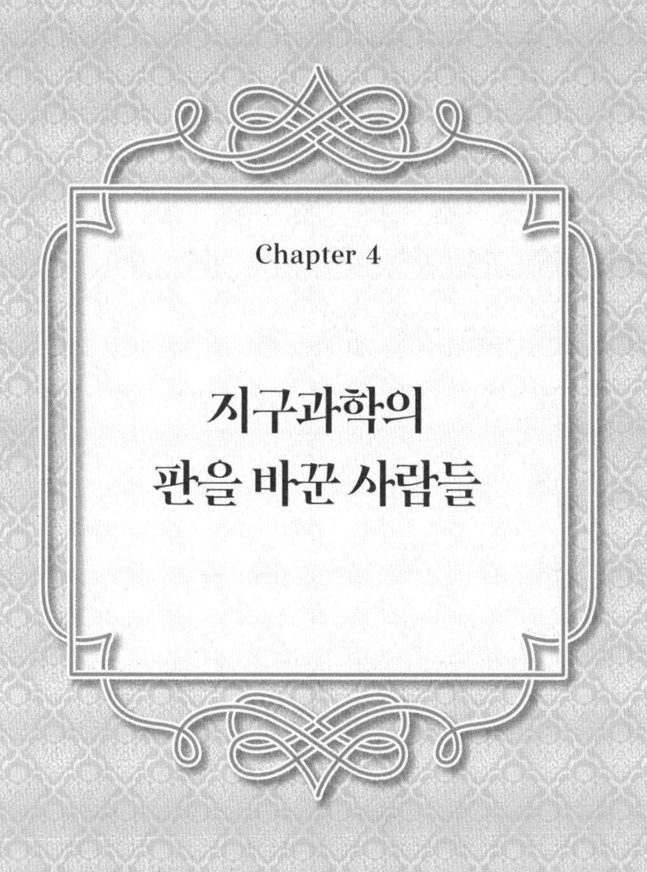

Chapter 4

지구과학의 판을 바꾼 사람들

12

공기에도 무게가 있다

- 에반젤리스타 토리첼리, 대기압 측정

V
N
J
W

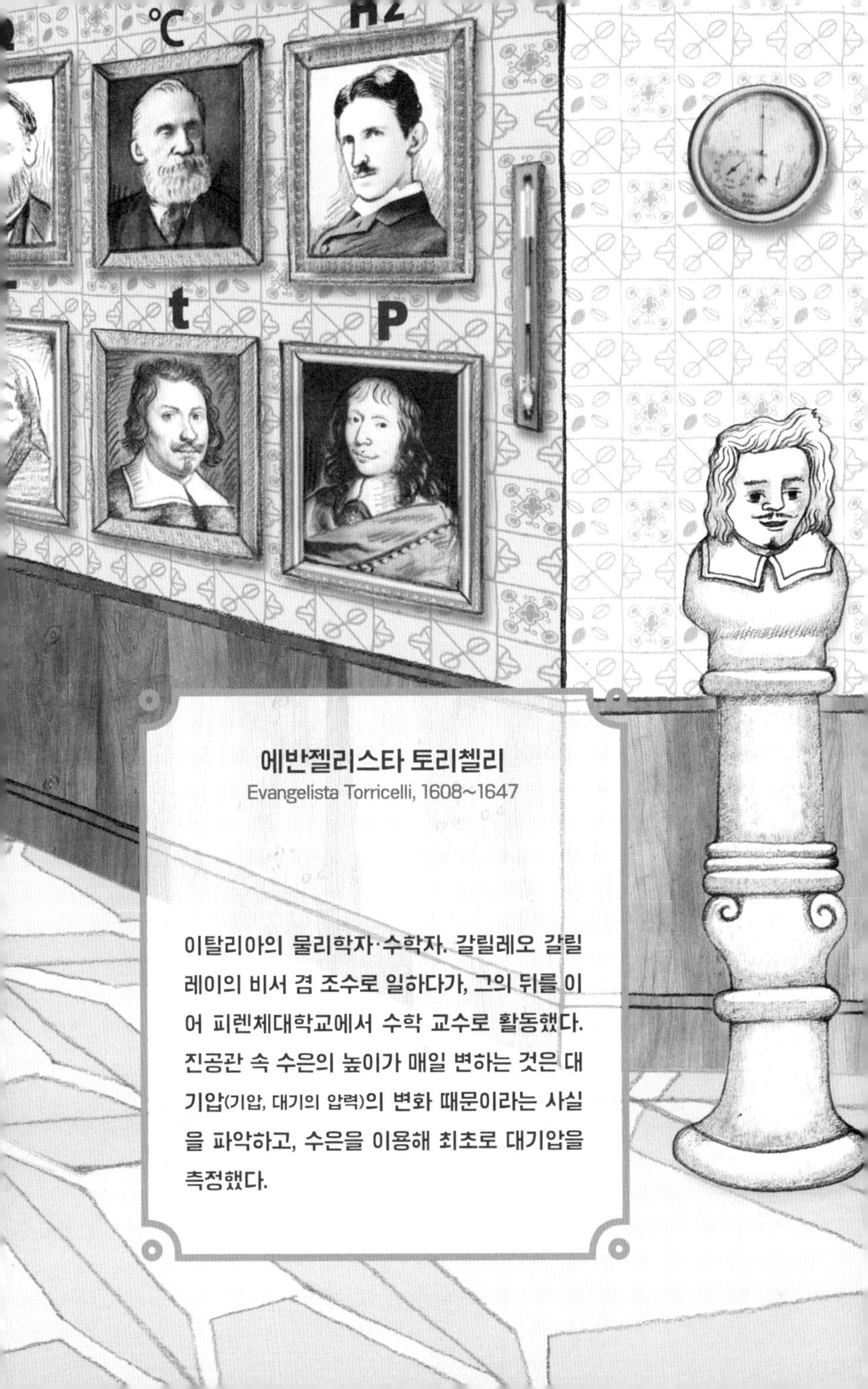

에반젤리스타 토리첼리

Evangelista Torricelli, 1608~1647

이탈리아의 물리학자·수학자. 갈릴레오 갈릴레이의 비서 겸 조수로 일하다가, 그의 뒤를 이어 피렌체대학교에서 수학 교수로 활동했다. 진공관 속 수은의 높이가 매일 변하는 것은 대기압(기압, 대기의 압력)의 변화 때문이라는 사실을 파악하고, 수은을 이용해 최초로 대기압을 측정했다.

공기가 무게를 가졌다고?

미래와 우주는 도서관 앞의 벤치에서 과학자 이름 알아맞히기 놀이를 하고 있었다. 한 명이 과학 시간에 배운 단위를 대면, 다른 한 명은 그것이 어떤 과학자의 이름을 딴 것인지 알아맞히는 놀이였다.

"볼트(V)는 누구 이름을 땄게?"

"우사인 볼트?"

"아니야, 알렉산드로 볼타!"

"그럼 뉴턴(N)은?"

"그야 아이작 뉴턴이지!"

"그럼 토르(torr)는?"

"토르, 그게 뭐지? 천둥의 신인가?"

"토르는 압력의 단위야. 과학자 토리첼리의 이름에서 따온 거지."

이런 놀이를 하니 과학 상식이 머리에 쏙쏙 들어오고, 시간도 참 잘 가는 듯했다. 그런데 갑자기 거센 바람이 불더니, 눈앞에 미스터리 과학 카페가 홀연히 나타났다. 미래와 우주는 기다렸다는 듯이 카페에 들어섰다.

카페의 한쪽 벽면에는 과학자의 초상화가 그려진 액자 여러 개가 줄지어 걸려 있었다. 그 위에는 각각 볼트(V), 뉴턴(N), 와트(W), 줄(J) 등 단위를 뜻하는 기호가 적혀 있었다. 방금 전 미래와 우주가 함께 푼 퀴즈 내용이 그대로 담겨 있었다. 벽 앞에는 두 명의 남성이 서서 대화를 나누고 있었는데, 자세히 보니 이들과 똑 닮은 초상화가 벽에 걸려 있었다. 한 명의 초상화에는 토르(torr)라는 기호가, 다른 한 명의 초상화에는 파스칼(Pa)이라는 기호가 표시되어 있었다.

"토리첼리! 우리는 예전에 친구였는데, 여기서도 나란히 걸려 있군 그래."

"그러게 말일세, 파스칼Blaise Pascal, 1623~1662! 오랜만이야. 듣자 하니 요즘 우리 이름을 단위로 쓰인다더군. 그런데 자네 이름을 딴 단위는 온전한 이름인데, 내 이름을 딴 단위는 짧아져 버렸네?"

"그야 토리첼리라는 자네 이름이 단위로 쓰기에 길어서 그러지 않았겠나? 아, 한창 연구하던 시절의 추억이 떠오르는군. 우리 둘 다 공기가 누르는 힘에 대해 연구했었지."

"이봐 파스칼, 그래도 우선순위는 따지자고! 연구를 먼저 시작한 것은 나였어. 공기가 무게를 갖는다는 것을 처음으로 밝혀낸 것도 나였고!"

"허허, 내가 그 사실을 잊을 리 있겠는가. 정말 토리첼리 자네는 대단한 사람이지. 나 역시 자네의 연구 소식을 듣고 나서 중요한 실험을 했다네. 공기가 누르는 힘이 있다면 그 힘은 고도에 따라 다를 거라 생각하고, 자네가 발명한 수은 기압계를 가지고 산에 올라가 재 봤거든. 그랬더니 역시나 산의 고도가 높을수록 기압이 낮게 관측되더군. 그런데 말이야, 후손들은 '토르'보다는 내 이름을 딴 '헥토파스칼(hPa)'을 기상학의 단위로 더 많이 쓴다던데!"

"뭐야? 원조를 못 알아보고 그런 실수를 일삼다니, 정말이야? 이거 참 실망일세."

"자네 뒤에 후손으로 보이는 아이들이 있군. 한번 물어보게나."

토리첼리는 파스칼의 말을 듣고 뒤를 돌아다보았다. 과연 초롱초롱한 눈망울을 한 우주와 미래가 서 있었다. 토리첼리와 눈이 마주친 우주가 급히 대답했다.

"아아, 사실 저는 헥토파스칼이란 말은 처음 들었어요. 토르는 천둥의 신 이름으로만 알고 있었고요. 여기 들어오기 전에 친구와 게임을 하면서 단위에 대해 조금 공부를 하긴 했지만요."

이어서 미래가 말했다.

"토르는 주로 진공[1]에서 쓰이는 압력 단위예요. 그런데 공기가 누르는 힘과 진공이 대체 무슨 관계인지는 잘 모르겠어요. 알려 주실 수 있나요?"

토리첼리는 뭔가 깨달았다는 듯 미소를 지으며 말했다.

"아하, 내 이름을 딴 단위가 왜 진공에 쓰이게 되었는지 나는 알 것 같구나. 지금부터 내 연구 이야기를 들어 볼래?"

"네, 얼마든지요."

미래와 우주는 토리첼리의 이야기에 빠져들었다.

1 이론상으로는 '물질이 전혀 존재하지 않는 공간'을 뜻하지만, 현실에서는 일정한 용기 안의 기체를 밖으로 뽑아낸 고도의 저압(低壓) 상태를 말한다.

인간은 공기의 바다에 잠긴 채 산다

"나는 이탈리아 파엔차라는 곳에서 직물 제조 기술자의 아들로 태어나, 어렸을 적 삼촌의 보살핌을 받으며 자랐지. 신부님이었던 삼촌은 나를 학교에 보내 주었어. 학교에서 나는 수학과 과학을 곧잘 했지. 삼촌은 그런 나를 지켜보다가, 내가 스무 살이 되기 전에 카스텔리 아래에서 공부하면서 일할 수 있게 해 주었어. 카스텔리는 로마의 라 사피엔차대학교에서 수학을 가르치는 교수였고, 한때 갈릴레오 갈릴레이의 제자이기도 했지. 얼마 뒤 나는 그를 대신해 강의도 하고 글도 썼어. 그러다 갈릴레오와 만나는 행운도 얻었지. 어느 날 갈릴레오가 카스텔리에게 보낸 서신에 내가 대신 답장을 하게 됐는데, 그때를 놓칠세라 나의 연구 실력을 뽐낼 수 있는 내용을 담아 넌지시 내 존재를 알렸거든. 그 뒤 나는 카스텔리의 추천에 힘입어 갈릴레오 밑에서 조수로 일하게 되었단다. 그러나 갈릴레이와는 겨우 3개월이라는 짧은 시간만 함께할 수 있었어. 얼마 되지 않아 그가 세상을 떠났거든.

갈릴레오는 생전에 내게 '진공'을 만들어 보라는 과제를 낸 적이 있어. 당시는 아무것도 없는 빈 공간, 즉 진공은 자연에서 찾기 어렵다고 생각하던 때였지. 고대 그리스의 학자 아리스토텔레스가 "자연은 진공을 싫어한다"고 말했는데, 모두가 이 견해를 따르고 있었어. 아리스토텔레스는 세상이 '흙·물·불·공기'의 4원소로 이루어져 있고, 천체와 천체 사이의 비어 보이는 공간에도 우리의 감각으로는 알아챌 수 없는 다섯 번째 물질(에테르)이 빈틈없이 가득 채워져 있다고 했지.

그런데도 갈릴레오가 진공을 떠올리게 된 건, 우물 연구를 하면서였어. 당시에는 광산에서 나오는 지하수를 퍼내기 위해 펌프를 사용했고, 우물을 새로 팔 때도 펌프가 쓰였지. 아, 너희들은 펌프를 써 본 적이 없겠구나. 사람이 손잡이를 잡고 상하로 되풀이해서 지하수를 퍼내는 장치란다. 어떤 원리로 이 장치로 물을 퍼 올릴 수 있는 걸까? 당시 사람들은, 펌프질을 하면 자연이 진공을 싫어해서 파이프의 빈 공간을 채우기 위해 물이 따라오기 때문이라고 설명했어. 하지만 이러한 설명이 무색하게도 지하수를 펌프로 퍼낼 때 물이 올라오지 않는 경우가 종종 있었어. 이탈리아 내 소국(小國)인 토스카나의 군주에게도 이 같은 일이 발생했지. 그는 새 우물을 설치하기 위해 인부들을 시켜 땅을 13m 정도로 한참 파 내려간 뒤 펌프질을 하게 했는데, 아무리 애써도 물이 올라오지 않는 거야. 갈릴레오에게 이 문제를 해결해 달라는 의뢰가 들어왔지.

곧 갈릴레오는 여러 가지 실험을 했고, 결국 우물의 깊이가 10m 이상이면 펌프로 물을 끌어 올릴 수 없다는 결론을 얻었어. 그렇다면 자연이 진공을 싫어한다는 것은 정말 맞는 말일까? 그리고 왜 펌프로 물을 끌어 올릴 수 있는 우물의 깊이는 10m까지인 걸까? 갈릴레오는 이것을 밝히지 못한 채 세상을 떠났고, 결국 그 일은 내 몫이 되었어.

난 우물물에 작용하는 힘에 대해 골똘히 생각해 보았어. 우물물 위에는 눈에 보이지는 않지만 공기가 기둥처럼 쌓여 있을 거야. 공기 기둥은 그 무게만큼 물을 누르고 있겠지. 이 우물에 긴 파이프를 넣어 지하의 물과 지상을 연결한 뒤, 펌프로 파이프 안의 공기를 빼낸다고 생각해 봐. 파이프 안은 공기가 거의 없지만, 파이프 바깥은 공기 기둥이 그대로 누르고 있을 거야. 따라서 공기가 누르는 힘(공기의 압력, 즉 기압)이 관 바깥쪽에만 작용해 물이 안쪽으로 이동하며 밀려 올라오는 거야. 바로 이 힘과 맞먹는 물기둥의 높이가 10m인 것이고 말이야. 그런데 우물의 깊이가 10m 이상이 되면, 공기가 누르는 힘의 범위를 벗어나 물을 끌어 올릴 수 없게 된다는 생각을 하게 되었지."

우주는 무릎을 탁 쳤다.

"아, 정리해 볼게요. 공기 기둥은 우물 속의 물을 누르고 있는데, 그 힘은 파이프관 속으로 물을 밀어 올리게 해요. 그렇게 약 10m 높이까지는 공기의 힘으로 밀어 올릴 수 있지만, 그 이상은 밀어 올릴 수 없다는 거죠."

"그렇지. 나는 이 같은 생각을 실험으로 증명해 보고 싶었어. 그러나 10m가 넘는 기다란 유리관을 만들기란 당시 기술로서는 쉽지 않았지. 고심 끝에 나는 물보다 13.6배 무거운 수은을 택했어. 밀도가 물의 13.6배인 수은으로 유리관을 채우면, 13.6분의 1의 길이만으로도 유리관을 채울 수가 있지. 그러니 무거운 수은으로 하면, 유리관 길이가 1m만 되어도 실험에 지장이 없을 거라고 판단했던 거야.

나는 한쪽이 막힌 1m 길이의 유리관에 수은을 가득 채운 뒤 입구를 손가락으로 막고, 이를 수은이 담긴 그릇에 거꾸로 담고 나서 손가

락을 뺐어. 그랬더니 유리관 속에 들어 있던 수은은 내려오다가 76cm 지점에서 멈추었지. 그 뒤로 여러 번 실험을 반복해 보았는데, 유리관을 곧게 세웠을 때나 옆으로 기울여 세웠을 때나 수은 기둥의 높이는 76cm로 똑같았어. 왜 유리관의 수은은 흘러내린 걸까? 그리고 수은 기둥의 높이는 꼭 76cm로 일정한 걸까?

난 실험 결과를 토대로, 수은 기둥이 진공에 의해 끌어 올려진 것이 아니라는 결론을 내리게 되었어. 단지 그릇에 들어 있는 수은 면을 누르는 공기의 힘이 있어서, 유리관 속의 수은을 밀어 올리는 것이지. 76cm의 높이는 바로 공기가 누르는 힘과 맞먹는 지점이었어. 만약 수은이 아닌 물로 실험을 했다면, 이 높이는 약 10m가 되었을 거야.

한편 이 실험에서 76cm 윗부분은 수은도, 공기도 없이 텅 빈 공간이 되었어. 바로 진공인 셈이었지. 결국 나는 공기가 누르는 힘을 설명함과 동시에, 처음으로 진공을 만들어 냈어. 어때, 갈릴레오가 내 준 과제를 훌륭하게 해결했지? 이전까지는 공기가 무게를 가진다고 생각하는 사람이 없었지만, 이 실험에서 볼 수 있듯이 공기는 무게가 있는 것이 분명해. 우리는 이렇게 무게를 갖는 공기의 바다에 잠긴 채 살아가고 있다고!

한편 나는 한동안 유리관 속 수은의 높이를 매일 측정했어. 그랬더니 수은의 높이가 미세하게 달라지더군. 이것으로 보아 공기가 누르는 힘, 즉 기압은 항상 같은 것이 아니라 날마다 조금씩 변하고 있음을 알 수 있었어. 내 실험 장치는 어느덧 기압계의 역할을 하고 있었던 거야. 수은 기압계가 탄생한 순간이었지. 나는 더 나아가 바람이 부는 원리에 대해서도 설명하고 싶어졌어. 그동안 사람들은 축축한 땅 표면의 수증기가 증발하면서 바람이 발생한다고 보았지만, 내 생각은 달랐어. 바람은 차갑고 무거운 공기 쪽에서 따뜻하고 가벼운 공기 쪽으로 퍼져 나가는 공기의 흐름 같았거든. 어때, 네가 사는 세상에서는 바람이 왜 분다고 알려져 있니? 내 설명에 대해 어떻게 생각하는지 궁금하구나.

나는 이 밖에도 수학과 역학 분야에서 여러 가지 연구를 했어. 사이클로이드(Cycloid, 한 원이 일직선 위를 굴러갈 때 이 원의 원둘레 위의 한 점이 그리는 자취)나 포물선에 관한 연구를 했고, 액체가 그릇의 작은 구멍으로 빠져나올 때의 속도를 계산하는 법칙(토리첼리의 정리)을 발견했지. 하지만 마흔도 되기 전에 장티푸스라는 병에 걸려 갑자기 죽음을 맞았단다. 좀 더 오래 살았다면 더 멋진 연구들을 남길 수 있었을까? 후대의 사람들은 짧은 생을 산 나를 과연 어떻게 생각하는지 궁금한걸."

"와! 내가 숨 쉬는 이 공기에 무게가 있다는 걸 알아낸 분이셨군요. 이렇게 만나 뵙다니 영광이에요."

우주의 말에 미래도 맞장구를 쳤다.

"토리첼리라는 이름은 교과서에서도 봤으니까 이미 유명하신 것 맞아요. 나머지는 조사해 보고 편지로 알려 드릴게요."

토리첼리 씨! 당신을 만나고 와서, 내 어깨 위에 1,000km 두께의 공기 기둥이 놓여 있다는 사실을 알게 되었어요. 그런데 왜 우리는 그 엄청난 공기 기둥의 무게를 느끼지 못할까요? 당신이 잰다는 대기압이 제 몸에서 느껴지지 않는 이유는, 몸 안쪽에서도 밀어내는 기압이 있어서 바깥쪽의 압력과 평형을 이루기 때문이라네요. 오호! 오늘도 이렇게 상식이 늘었습니다.

오늘날 많은 사람들은 토리첼리 씨를 대기압을 최초로 측정한 사람 또는 수은기압계를 발명한 사람으로 기억하고 있어요. 또한 최초로 진공을 만들어 낸 분으로 기억하죠. 공기든 진공이든 눈에 보이지 않는 것을 이치에 맞게 설명해 내기란 참으로 어려운 것 같아요. 그래서 당신이 대기압과 진공의 존재를 밝혔을 때도 사람들이 쉽게 받아들이지 않았나 봐요.

그런데 다행히도 토리첼리 씨가 돌아가시고 몇 년 뒤, 당신의 연구를 잇는 한 실험이 무척 유명해졌어요. 게리케Otto von Guericke, 1602~1686라는 독일의 물리학자가 구리로 된 커다란 두 개의 반구를 붙인 뒤, 펌프로 공기를 빼내 진공을 만들었어요. 그리고 두 반구를 양쪽으로 다시 떼 내었죠. 이때 반구를 떼 내는 데 열여섯 마리의 말이 동원되어, 대기압의 힘이 얼마나 큰지 실감하게 되었다고 해요.

아! 카페에서 만난 파스칼 씨 말마따나, 오늘날에는 기상학에서 기압을 나타낼 때 hpa(헥토파스칼)이라는 단위가 쓰이고 있어요.

1파스칼은 $1m^2$의 넓이에 1N(뉴턴)의 힘이 작용할 때의 압력을 말하는데, 너무 크기가 작아서 그 100배인 hpa을 쓴다고 하네요.

토리첼리 씨! 불행하게도 당신은 장티푸스에 걸려 일찍 세상을 떠났죠. 당신이 실험에 사용한 수은이 몸에 악영향을 미쳤을 것이라는 이야기도 있어요. 수은은 수은중독을 일으킬 수 있는 물질이거든요. 손으로 수은 기둥을 만졌다면 건강에 분명 좋지 않았을 것 같아요.

토리첼리 씨, 당신의 연구 덕분에 우리는 중요한 과학적 사실을 깨닫게 되었습니다. 대기압에 대한 이모저모를 알려 주셔서 정말 감사해요.

과학책 열기

기압

지구 대기는 질소, 산소, 이산화탄소 등 여러 가지 기체가 섞인 두꺼운 공기층을 형성하고 있다. 이들 공기는 일정한 무게로 땅을 누르고 있는데, 이로 인해 생기는 압력을 대기압 또는 기압이라고 한다. 기압은 단위 면적 1m²에 작용하는 공기의 무게를 기준으로 참고하여 측정한다. 1기압의 크기는 수은 기둥 76cm가 누르는 압력과 같다.

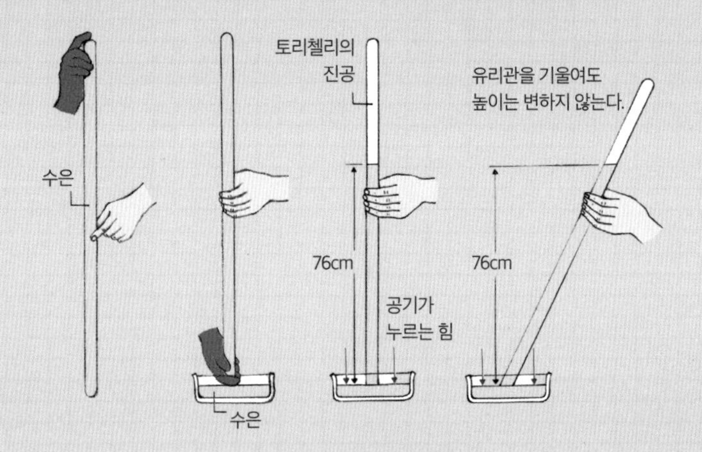

토리첼리의 공기 무게 실험

고도에 따른 대기압의 변화

대기는 지표면으로부터 수십 km의 높이에 이르는데, 대부분의 공기 분자는 지구 중력 때문에 지표면 근처에 모여 있다. 고도가 높아질수록 지구의 중력도 약해지고, 이에 따라 공기의 밀도가 희박해지며 대기압도 감소한다.

13

빙하기의 존재를 예언하다
- 루이 아가시, 빙하기 근거 추적

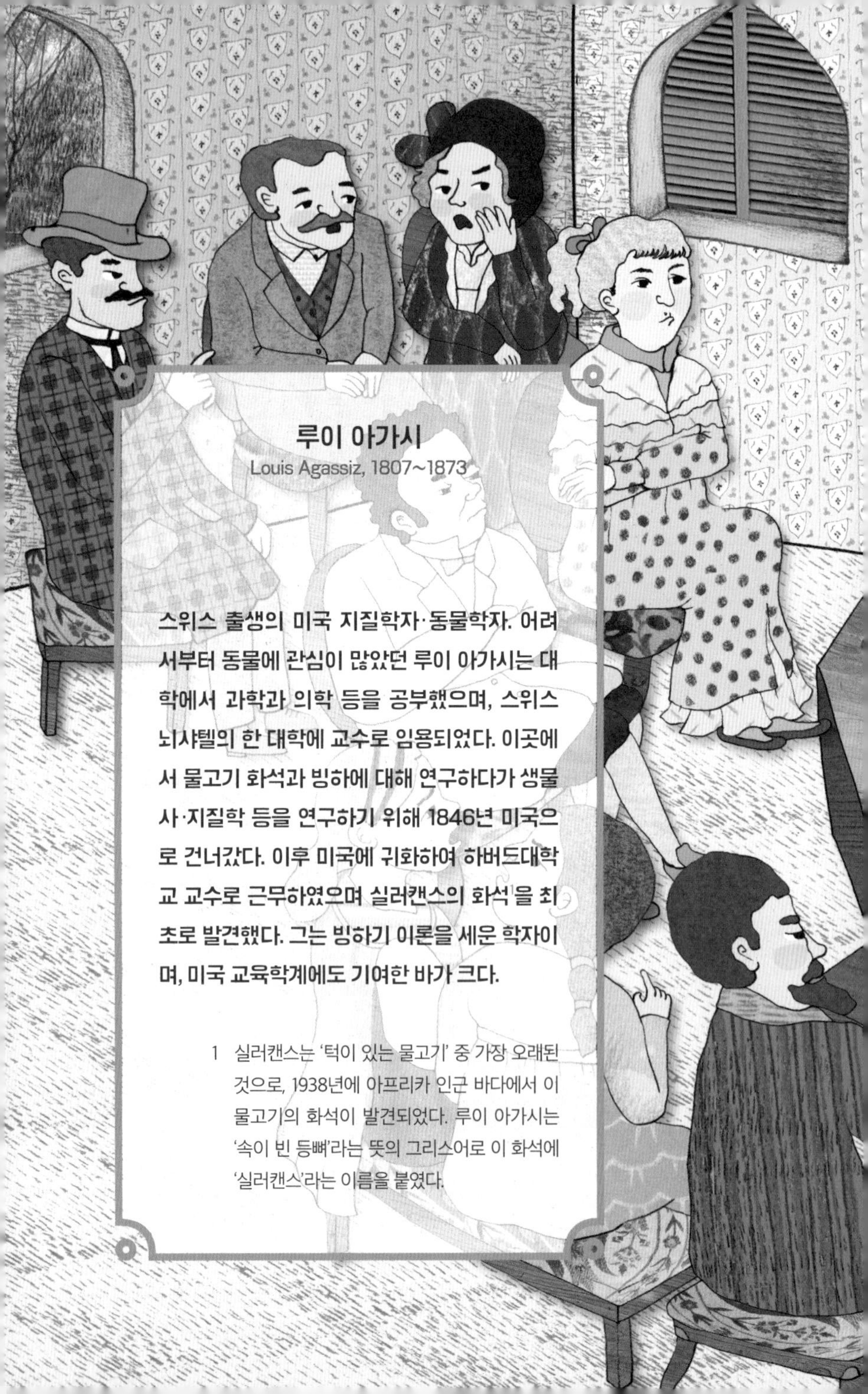

루이 아가시

Louis Agassiz, 1807~1873

스위스 출생의 미국 지질학자·동물학자. 어려서부터 동물에 관심이 많았던 루이 아가시는 대학에서 과학과 의학 등을 공부했으며, 스위스 뇌샤텔의 한 대학에 교수로 임용되었다. 이곳에서 물고기 화석과 빙하에 대해 연구하다가 생물사·지질학 등을 연구하기 위해 1846년 미국으로 건너갔다. 이후 미국에 귀화하여 하버드대학교 교수로 근무하였으며 실러캔스의 화석[1]을 최초로 발견했다. 그는 빙하기 이론을 세운 학자이며, 미국 교육학계에도 기여한 바가 크다.

1 실러캔스는 '턱이 있는 물고기' 중 가장 오래된 것으로, 1938년에 아프리카 인근 바다에서 이 물고기의 화석이 발견되었다. 루이 아가시는 '속이 빈 등뼈'라는 뜻의 그리스어로 이 화석에 '실러캔스'라는 이름을 붙였다.

빙하 이동의 증거
빙산
빙붕
대륙 빙하
북극
북극해
미국

빙하가 대륙을 덮고 있던 시절

미래와 우주는 도서관에 마련된 기후변화 간이 사진전을 구경하고 있었다. 녹고 있는 빙하, 서식지를 잃고 위태로워진 북극곰, 물에 잠긴 섬과 뗏목을 타고 탈출하는 사람들의 모습이 펼쳐졌다. 우주와 미래는 에어컨을 빵빵하게 틀던 올여름을 떠올렸다. 혹시 자신의 행동이 기후에 악영향을 미친 건 아닐까? 사진 속 장면들이 예사롭지 않게 느껴졌다.

사진전을 다 본 뒤 빙하기와 관련된 책을 빌려 도서관을 나온 우주와 미래는 커다란 바위를 눈앞에 맞닥뜨렸다. 바위 뒤로 유난히 찬바람이 쌩쌩 불어서 가 보니 거대한 얼음이 있었고, 그 속에 갇힌 카페 하나가 간신히 입구를 내어 주고 있었다.

둘이 카페에 들어서자 젊은 과학자가 강연을 하고 있었다. 청중은 그의 말에 귀를 기울였다.

"최근에 드 샤르팡티에 De Charpentier, 1786~1855를 비롯한 제 동료들이 앞으로 오랫동안 회자될 논쟁거리를 만들어 냈습니다. 쥐라산맥[2]에 가면 이와 관련된 현상을 관찰할 수 있을 겁니다. 오늘 저는 빙하에 대해 이야기해 보려고 합니다. 쥐라산맥 근처에 널리 분포한 표석(빙하의 작용으로 운반되었다가 빙하가 녹은 뒤에 그대로 남게 된 바윗돌)들과 가느

2 스위스와 프랑스의 국경에서 독일에 걸쳐 있는 230km 길이의 산맥으로, 주로 중생대 쥐라기의 석회암·사암으로 되어 있는 습곡산맥이다.

다란 홈이 새겨진 암석들을 보십시오. 이것은 스위스 전체가 과거에는 빙하로 덮여 있었다는 증거입니다. 빙하는 스위스를 넘어 유럽 대륙의 상당 부분을 덮고 있었을 것입니다."

청중은 어이없다는 표정을 지으며 수군댔다.

"뭐야, 물고기 화석에 대한 강연을 하기로 한 것 아니었어?"

"난데없이 빙하는 무슨! 촉망받는 젊은 학회장이라 무슨 이야길 하려나 잔뜩 기대했는데 이게 뭔 소리란 말인가?"

들뜬 목소리로 새로운 사실을 전파하려는 강연자와 이를 못마땅하게 여겨 금방이라도 욕지거리를 할 것 같은 청중이 미묘한 긴장감을 자아내고 있었다. 그런데 이게 웬일인가! 강연이 끝나자 갑자기 무대와 청중이 일제히 사라졌다. 놀란 우주와 미래 옆으로 누군가 불쑥 다가와 말을 건넸다.

"미스터리 과학 카페에 온 걸 환영하네. 나는 루이 아가시라네. 21세기 친구들이 온다고 해서 특별히 준비했어. 스위스 서부 뇌샤텔이라는 곳에서 강연이 열리던 날의 풍경을 홀로그램으로 연출한 거야. 내가 엄청난 발표를 하고도 사람들로부터 외면당하는 장면을 보여 주고 싶었어. 나는 저 사람들이 말한 대로 원래 물고기 화석에 대해 발표하려고 했는데, 하루 전에 주제를 바꿨어. 과거에 있었던 빙하의 흔적을 관찰하다가 거기에 푹 빠져들었거든."

"아아, 그런데 왜들 그렇게 빙하기의 존재를 거부하는 거죠?"

"아마도 종교적인 이유가 클 거야. 그때 일반인들과 대부분의 과학자들은 성경에 나오는 내용을 모두 진실로 받아들였거든. 성경에 지질시대 전체가 나와 있다고 생각했고, '노아의 방주와 대홍수'를 지질학적 변화나 생물의 멸종과 관련지었지. 음, 내 빙하 연구 이야기를 더 들어 볼래?"

"네, 궁금해요!"

빙하기를 증명하라!

"스위스에서 태어난 나는 어려서부터 물고기 관찰하는 것을 좋아해 자연사(인간 이외의 자연계 발전의 역사)를 공부하고 싶어 했어. 하지만 부모님은 안정된 직업이 있어야 한다며 나에게 의사가 되라고 하셨지. 부모님의 뜻에 따라 의학교에 들어갔지만, 내 꿈을 접을 수는 없더라고. 나는 뮌헨대학교로 옮겨 과학도 함께 공부했고, 의학 학위뿐만 아니라 과학 박사 학위도 받았단다. 뮌헨대학교에 다닐 때는 박물관에 계신 교수님을 도와 브라질산(産) 어류들을 분류하는 일을 맡았어. 그리고 이를 정리해 책으로 내면서 프랑스의 유명한 동물학자 퀴비에Georges Cuvier, 1769~1832에게 헌정했지.

몇 년 뒤 나는 콜레라를 연구하러 간다며 프랑스 파리로 향했어. 사실 콜레라 연구는 핑계였고, 퀴비에를 만나고 싶은 거였어. 당시 박물관장이었던 퀴비에는 브라질 어류에 관한 내 책이 인상 깊었는지 연구소에 자리를 마련해 주고, 자신의 방대한 연구 자료들도 기꺼이 내

줬지. 이곳에서 나는 학문적으로 크게 성장할 수 있었어. 그러나 얼마 안 가 퀴비에는 콜레라로 세상을 떠났고, 내 미래는 또다시 불안해졌지. 나는 스위스로 돌아와서 뇌샤텔에 새로 생긴 대학교에서 교수가 되었어. 그곳에서 퀴비에가 준 방대한 자료를 바탕으로 물고기 화석 연구를 꾸준히 했고, 이를 정리해 다섯 권의 책을 냈어. 그 덕분에 물고기 화석 연구의 대가로 인정받게 되었단다.

그러던 어느 날, 나는 학회에 갔다가 학창 시절 동기였던 샤르팡티에를 만났어. 그는 한때 소금 광산에서 감독관으로 일한 적이 있어서인지 산맥의 지형이나 지질에 관심이 많았지. 그날도 샤르팡티에는 스위스가 한때 모두 빙하로 덮여 있었고, 다른 지역도 빙하로 덮였던 적이 있었을 거라고 발표하고 있었어. 하지만 난 그게 헛소리라고 생각했어. 내 발로 직접 현장에 가 보기 전까지는 믿을 수 없었지. 나는 샤르팡티에와 함께 알프스산맥과 쥐라산맥을 다니며 암석과 퇴적물, 지형 등을 살펴보았어. 사실은 그의 주장을 반박하는 증거를 찾으려고 따라나선 거였지. 그런데 실제로 보니 빙하의 흔적이 아니고서는 그 같은 모습이 생겨난 이유를 설명하기 어려웠단다.

우선 산맥을 둘러보니 주변의 암석들과는 성질이 전혀 다른 거대한 암석이 하나씩 흩어져 있었는데, 이것은 과거에 거대한 빙하가 있었다는 증거였어. 예를 들면, 석회암으로만 가득 차 있는 곳에 맥락 없이 거대한 화강암 하나가 덩그러니 놓여 있는 경우처럼 말이야. 어떤 과학자들은 다른 곳에 있는 표석들이 홍수 때문에 옮겨 온 것이라고 설명했단다. 하지만 내가 아무리 계산해 봐도, 물의 흐름으로는 이 같은 작용이 일어나기 힘들어 보였어. 나는 암석이 빙하에 갇힌 채 멀리 이동하다가, 빙하가 녹자 그 자리에 멈추게 된 것이라고 생각했지. 그 암석을 보면 반질반질 윤이 나면서 표면이 긁혀 있는 것을 알 수 있는데, 이것도 빙하가 이동했다는 증거였어. 암석 표면에 난 가느다란 줄자국(찰흔)을 보고 빙하의 이동 방향을 추측할 수도 있지. 그런가 하면 U자 모양 골짜기(U자곡) 등에서 볼 수 있는 매끄러운 낭떠러지도 빙하 이동의 증거였어. 산 위에 내린 눈이 오랫동안 쌓이고 다져져 형성된 무거운 빙하가 중력을 이기지 못하고 천천히 미끄러져 내려와 U자곡을 만든 것이지. 또한 빙퇴석도 빙하가 움직인 증거로 볼 수 있단다. 빙하는 이동하다가 따뜻한 지역에서 녹게 되는데, 이때 빙하 속에 있는 암석이나 자갈, 거친 흙 등 입자가 고르지 않는 것들이 쌓여서 퇴적물(빙퇴석)을 이루는 거야.

나는 이런 증거 자료들을 모아 1837년 뇌샤텔에서 열린 스위스자연과학회에서 빙하기에 관한 강연을 했어. '빙하기(Eizeit)'라는 말은 내 친구 카를 쉼퍼Karl Schimper, 1803~1867가 만든 것으로, 이날 최초로 널리 알려졌지."

"반응은 어땠나요?"

"청중은 뜬금없는 빙하기 이야기에 어이없어했어. 나는 더 확실한 증거를 보여 줘야겠다고 마음먹고는 실험을 고안했어. 빙하의 움직임을 측정하는 거였는데, 알프스 빙하에 올라가 여러 곳에 막대기를 설치하고 시간이 흐름에 따라 그것들이 변하는 위치를 조사했지. 2~3년에 걸쳐 관찰한 결과, 빙하 가장자리에 놓인 막대보다 중앙부에 놓인 막대가 더 빨리 아래로 이동했어. 그 까닭은 빙하의 가장자리는 주위와의 마찰로 이동을 방해받지만 가운뎃부분은 마찰을 덜 받아 움직임이 더 수월하기 때문이었어. 이런 식으로 예상했던 것보다 얼음이 더욱 빠르게 움직이고, 실제로도 얼음이 매우 커다란 암석을 실어 나른다는 것을 발견해 냈단다. 나는 관측 결과를 바탕으로 빙하의 움직임과 그 흔적들을 설명하는 『빙하 연구』라는 책도 썼어. 그래도 여전히 과학자들은 이를 받아들이지 않았지. 시간이 흘러 스위스뿐만 아니라 스코틀랜드나 미국 등에서도 빙하와 관련된 지질학적 증거들을 확인한 과학자들이 늘어나면서 결국 내 이론이 받아들여지게 되었어. 하지만 여전히 궁금한 게 있어. '과연 무엇이 빙하기를 만들었나' 하는 거야. 왜 지구는 더 추웠다 따뜻해졌다 하는 것일까 궁금하지 않아? 내가 살던 때에는 빙하기와 천문학을 연결 지어 생각하는 과학자들도 있었는데, 사람들을 크게 설득시키진 못했어. 네가 사는 시대엔 어떠니? 결론이 어떻게 났는지 궁금하군."

아가시는 긴 이야기를 마치며 우주와 미래에게 질문을 던졌다. 미래가 재빨리 가방에서 스마트폰을 꺼냈다. 다행히 과학 카페 안에서도 인터넷이 작동했다.

"아, 제가 검색해 보니 밀란코비치Milutin Milanković 1879 ~1958라는 세르비아 과학자가 1920년경에 수학적 계산을 바탕으로 이론을 발표한 적이 있네요. 과거 60만 년간의 지구 기온 변화 패턴을 분석했는데, 이를 통해 빙하기의 원인을 알 수 있다는 거죠. 그는 지구의 이 같은 기온 변화는 지구의 주기적인 운동 때문이라고도 했어요. 지구는 태양을 타원궤도로 도는데, 이 원의 모양이 약간 길쭉했다가 원에 가까워졌다가 하는 것을 10만 년 주기로 반복한대요. 이것은 지구와 태양 사이의 거리를 가깝거나 멀게 해서 기후에 영향을 미쳐요. 또 하나 더, 지구의 자전축이 현재는 23.5° 기울어져 있는데, 약 4만 년을 주기로 22.1°에서 24.5°까지를 오간다고 해요. 이 각도가 커지면 겨울이 더 추워지고, 겨울에 만들어진 눈과 얼음이 햇빛을 반사해 날씨를 더 춥게 만들어요. 마지막으로, 팽이를 돌리면 중심축이 흔들리는 것처럼 지구도 자전하면서 자전축이 요동치고 있어요. 그로 인해 각 반구의 일조량에 변화가 생긴다고 해요. 결국 이 세 가지 요인들이 합쳐져서 지구가 받는 태양의 복사에너지가 주기적으로 변화하게 되고, 이러한 현상이 기후에 영향을 미친다고 하네요."

"지구의 운동이 기후에 영향을 미치다니 정말 흥미롭군! 빙하기를 좀 더 구체적으로 알려 주는 지질학적 증거들은 더 없니?"

"21세기로 돌아가서 알려 드릴게요!"

미래와 우주는 힘차게 대답했다.

루이 아가시 씨! 빙하기의 증거가 더 나온 것이 없는지 궁금해하셨죠? 당신이 암석과 지형 등에서 빙하기의 흔적을 찾았다면, 오늘날에는 얼음 자체의 나이테를 분석해 더 정확하게 빙하기를 추적하고 있어요. 우선 드릴로 얼음을 뚫어 기다란 기둥 모양의 '빙하 코어(ice core)'를 채취해요. 빙하 코어 안에는 층마다 얼음이 생길 당시의 공기 방울이 들어 있는데, 그 성분을 분석하면 기후가 변해 온 역사를 알 수 있어요. 공기 속 산소의 동위원소 비율을 계산하거나 이산화탄소의 농도를 분석해 당시 온도를 추정하는 거예요. 또한 바다 깊숙한 곳에서 파낸 퇴적물 코어에서도 과거의 기후 정보를 얻을 수 있어요. 퇴적물에 담긴 플랑크톤이나 유공충(아메바형 원생동물로, 고생대 캄브리아기에 등장하여 현재까지 살고 있음)의 일종에서, 층마다 달라진 점을 찾아내 분석하는 거죠.

그렇다면 미래의 기후는 어떻게 될까요? 다시 빙하기가 찾아와 추워질까요, 아니면 지구온난화가 지속돼 따뜻해질까요? 과학자들이 지금보다 더 정확히 예측할 방법을 틀림없이 찾아내리라 전 믿어요. 당신을 만나고 와서인지 더욱 그런 믿음이 생기는걸요!

빙하

겨울에 내린 눈의 양이 여름에 녹는 양보다 많으면 눈이 계속 쌓여서 단단한 얼음이 된다. 이것이 수천 년 지속되면 거대한 빙하가 형성된다. 빙하는 중력의 영향을 받아 높은 산에서 낮은 곳으로 흘러내리고, 평지에서는 가장자리 쪽으로 퍼져 나간다. 이동하면서 U자곡, 피오르(fjord, 빙하의 침식으로 만들어진 골짜기에 빙하가 없어진 뒤 바닷물이 들어와서 생긴 좁고 긴 만), 혼(horn, 빙하의 침식작용으로 생긴 삼각뿔 모양의 산봉우리), 빙퇴석 등을 만들기도 한다.

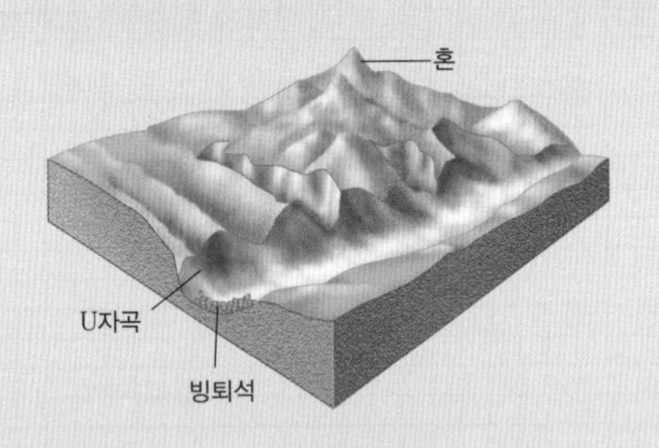

빙하기

'빙하기(Eiszeit)' 라는 용어는 19세기 식물학자 카를 쉼퍼가 처음 제안했으며, 1837년 루이 아가시가 스위스자연과학회 연례 모임에서 처음 소개했다. 빙하기는 지구 전체가 한랭화되면서 넓은 지역이 빙하로 뒤덮였던 시기를 말한다. 선캄브리아대 최말기, 고생대 석탄기에서 페름기, 신생대 제4기의 세 빙하기가 알려져 있다.

14

우주의 거리를 잴 수 있는 열쇠를 만들다
- 헨리에타 레빗, 세페이드 변광성 관찰

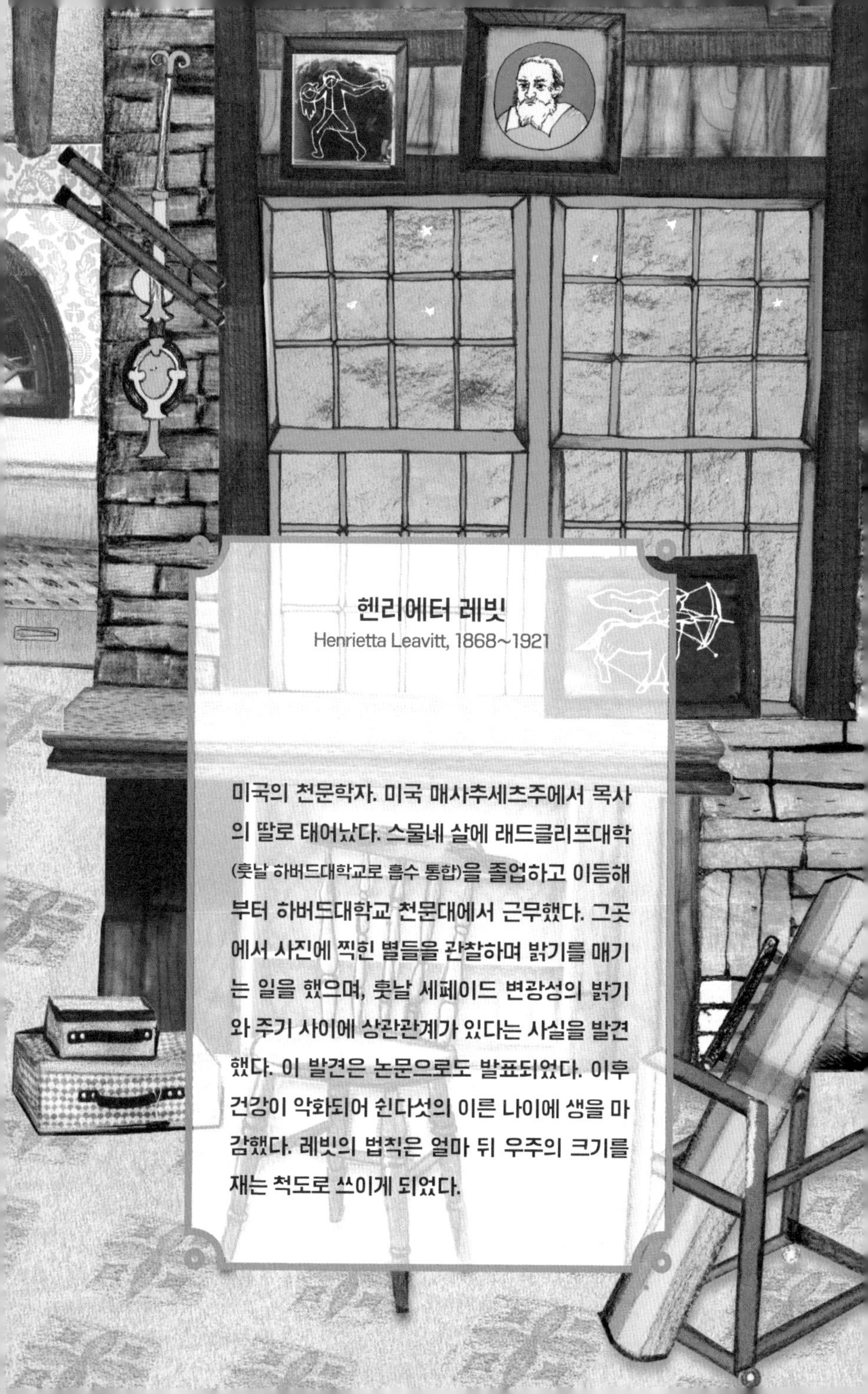

헨리에타 레빗

Henrietta Leavitt, 1868~1921

미국의 천문학자. 미국 매사추세츠주에서 목사의 딸로 태어났다. 스물네 살에 래드클리프대학(훗날 하버드대학교로 흡수 통합)을 졸업하고 이듬해부터 하버드대학교 천문대에서 근무했다. 그곳에서 사진에 찍힌 별들을 관찰하며 밝기를 매기는 일을 했으며, 훗날 세페이드 변광성의 밝기와 주기 사이에 상관관계가 있다는 사실을 발견했다. 이 발견은 논문으로도 발표되었다. 이후 건강이 악화되어 쉰다섯의 이른 나이에 생을 마감했다. 레빗의 법칙은 얼마 뒤 우주의 크기를 재는 척도로 쓰이게 되었다.

하버드 천문대의 여성 과학자

우주는 이름이 '우주'라서 그런지 평소 우주 이야기에 관심이 많았다. 지난 겨울방학 때는 과학관에 있는 천체 투영관에서 우주 쇼를 관람하기도 했다. 우주는 그때를 떠올려 보았다. 불이 꺼지고 천체 투영기가 작동되자, 머리 위 거대한 반구형 스크린에서 수백만 개의 별들이 황홀한 빛을 내뿜었다. 우주는 자신도 모르게 "와!" 하고 탄성을 질렀다. 천체 투영관은 우주의 천체 영상을 보여 주는 돔형 극장으로 '플라네타륨'이라고도 한다. 우주는 집으로 돌아와서 플라네타륨을 취미로 만들다가 세계적으로 유명해진 일본의 오오히라 타카유키라는 사람이 쓴 책을 빌려 보았다. 늦은 저녁, 책을 반납하고 도서관을 나서는데 낯선 건물 하나가 어슴푸레하게 보였다. 살짝 열린 문으로 새어 나오는 불빛이 우주에게 어서 들어오라는 듯 깜빡였다. 미스터리 과학 카페였다.

이번에는 또 어떤 과학자를 만나게 될지 우주는 설레는 마음으로 카페에 들어섰다. 그리고 그곳에서 책상에 앉아 있는 한 여인을 발견했다. 단정한 차림새를 한 여인은 네모난 판 위의 점들을 확대경으로 주의 깊게 살펴보고 있었다.

'뭘 저렇게 열심히 보고 있는 걸까? 저 판에는 깨알같이 작은 점들만 가득한데….'

호기심이 발동했지만 여인이 너무 집중하고 있어서 묻기가 조심스러웠다. 바로 그때 누군가 여인에게 말을 걸었다.

"헨리에터 레빗 씨, 오랜만이오. 이 카페에서 당신을 만나게 될 줄이야."

"오, 섀플리Harlow Shapley, 1885~1972 선생님! 정말 반가워요! 선생님은 제가 세상을 떠나던 순간에 절 보러 오셨죠. 이 마법의 카페에서 다시 만나다니 너무 기쁘네요!"

"그렇게 떠나서 매우 애석했어요. 천문학 분야의 중요한 인재를 잃게 되다니! 당신의 업적은 엄청납니다. 나는 당신 덕에 은하수 크기를 잴 수 있어서 참으로 행복했어요."

"저도 아프지 않고 조금 더 오래 살았더라면 하는 아쉬움이 남아요. 그럼 선생님께서 바라신 대로 세페이드 변광성 연구를 더 깊이 할 수 있었을 텐데 말이에요."

'레빗, 섀플리, 하버드 천문대…. 모두 천문학과 관련이 있네. 이번에는 천문학을 연구한 헨리에터 레빗을 만나러 미스터리 과학 카페에 오게 된 거야! 그런데 섀플리 옆의 저 여자는 누구지?'

옆에서 대화를 듣던 우주는 새로운 궁금증이 생겼다.

"레빗 씨, 이 여학생은 당신의 책상을 물려받아 공부한 사람이에요. 세실리아, 레빗 씨와 인사 나누게."

"뵙게 되어 영광입니다. 저는 세실리아 페인Cecilia Payne, 1900~1979이라고 합니다. 당신이 세상을 떠나고 몇 년 뒤, 제가 하버드 천문대에 왔을 때 사람들은 이렇게 수군대곤 했어요. '한밤중에 레빗 씨의 전등이 켜져 있었대.', '별을 찍은 사진들 더미에서 그녀의 혼령이 보였다는 군', 아마도 당신을 기억하고 싶은 사람들이 그런 소문을 만들어 내지 않았나 싶어요. 당신의 책상에서 밤늦게 연구하던 저의 모습을 당신으로 착각한 거죠."

갑자기 귀신 이야기가 나오자 우주가 몸을 움츠렸다. 이를 본 페인이 말했다.

"레빗, 오늘은 당신의 연구 이야기를 직접 듣고 싶어요. 저 겁먹은 아이와 함께 말이에요."

"오, 기꺼이 그러겠어요!"

레빗은 우주와 페인을 바라보며 설명해 나갔다.

하버드의 컴퓨터가 위대한 천문학적 발견을 하기까지

"자, 그러니까 내가 대학을 졸업한 이듬해인 1893년부터의 일이야. 수학과 과학을 두루 배우고 천문학에도 관심을 가졌던 나는 하버드대학교에 딸린 천문대에서 자원봉사자로 일했어. 천문대에는 나 말고도 여성이 꽤 많았는데, 모두 소장의 지시에 따라 관측 자료를 검토하거나 분석하는 일을 했지. 당시 여성들은 과학을 열심히 공부하고 연구해도 과학계로의 진로가 막혀 있었기 때문에, 주로 계산이나 정리 등의 업무를 맡았어. 사람들은 우리를 '컴퓨터'라고 불렀는데, 이는 계산 같은 단순한 작업을 하는 사람들을 이르는 말이었어. 하버드의 컴퓨터라는 게 딱히 좋은 말은 아니었던 셈이지.

하여간, 그때 내게 주어진 일은 별의 등급을 매기는 거였어. 지구상에서 관측해서 사진으로 찍은 사진 건판 속의 별의 밝기(겉보기 등급)를 매기는 일인데, 1~6등급으로 분류했지.[1] 내 주요 일과는 멀리 칠레의 관측소에서 보내온 사진 속 별들을 책상 앞에서 들여다보는 것이었어. 그러다 한동안 하버드 천문대를 떠나 있었는데, 1903년 당시 천문대 소장이자 천문학자인 피커링Edward Pickering, 1846~1919 교수의 간곡한 요청을 받고 돌아와 정식 직원이 되었단다.

이때부터 나는 '세페이드 변광성'을 찾았지. '세페이드'는 '세페우스자리에 있는 변광성'이라는 뜻을 담고 있단다. 아, 변광성이 뭐냐고? 변광성은 밝기가 변하는 별을 말해. 그중에서도 세페이드 변광성은 밝기 변화가 매우 규칙적이지. 세페이드 변광성은 우주 여러 곳에 흩어져 있는데, 피커링 교수님은 그중에서도 소마젤란성운에 있는 변광성을 찾으라 하셨어."

우주는 스마트폰으로 '소마젤란성운'을 급히 검색해 보더니 말했다.

"아! 소마젤란성운은 지금은 '소마젤란은하'로 불려요. 크기가 작지만 외부은하라고 해요. 지구에서의 거리는 약 17만 광년이고요."

"오, 역시 미래에서 온 소년은 다르구나! 하여간 난 1908년까지 그곳에서 1,777개나 되는 세페이드 변광성을 찾았어. 덕분에 변광성 찾

1 1등급은 6등급 밝기의 100배다.

기의 귀재라는 말을 들었지. 나는 이 과정에서 중요한 사실을 발견했어. 세페이드 변광성 중에 어떤 것은 밝았다 어두워지는 주기가 며칠 정도로 짧고, 어떤 것은 몇 달 정도로 길었거든. 그런데 주기가 긴 변광성일수록 더 밝은 거야. 예를 들어 주기가 30일인 변광성은 주기가 3일인 변광성보다 여섯 배 정도 밝았지. 마침내 나는 세페이드 변광성의 주기와 밝기 사이에 어떤 수학적인 관계가 있음을 알아냈어. 1908년의 논문에 16개, 1912년의 논문에 25개 변광성의 데이터를 제시하며, 주기와 밝기의 관계를 조심스럽게 언급했지. 그러자 내가 내린 결론을 법칙으로 받아들이고 별들의 거리를 재는 잣대로 쓰는 사람들이 나타났어. 덴마크의 천문학자 헤르츠스프룽Ejnarr Hertzsprung, 1873~1967이 1913년에 처음으로 그 일을 해냈지.

내가 발견한 규칙이 어떻게 잣대가 될 수 있냐고? 우선 하늘에서 세페이드 변광성을 하나 발견해 깜빡이는 주기를 재 봐. 이를 내가 구한 주기-광도 관계에 대입하면 밝기가 구해질 거야. 주기를 알면 별의 광도를 알 수 있는 것이지. 그런데 잠깐, 이때 구한 별의 밝기는 그 별이 지구로부터 소마젤란성운까지의 거리와 같은 거리에 있다고 가정했을 때의 밝기야. 그러니까 지구에서 관측한 겉보기 밝기와는 다르지. 만약 어떤 변광성의 겉보기 밝기가 주기를 이용해 구한 밝기보다 밝다면, 그 별은 소마젤란성운보다 지구에서 가까운 별일 거야. 그 별이 지구와 더 가깝기 때문에 실제 밝기(주기를 이용해 구한 절대 밝기)보다도 더욱 밝아 보이는 것이거든. 반대로 겉보기 밝기가 주기를 이

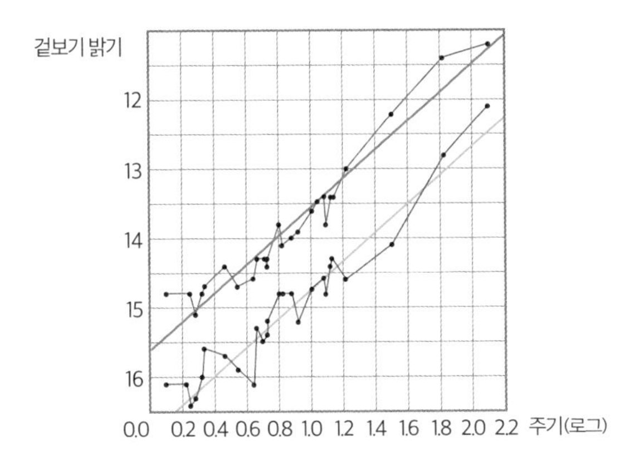

레빗이 발견한 세페이드 변광성의 주기-광도 관계

용해 구한 밝기보다 더 어둡다면 소마젤란성운보다 더 멀리 있는 별이지.

즉 어떤 변광성의 겉보기 밝기를 내 법칙으로 계산한 밝기와 비교하면, 그 별이 소마젤란성운에서 얼마나 떨어져 있는지 상대적 거리를 알 수 있단다. 이런 식으로 계속해서 밝기를 비교하면 우주에 퍼져 있는 모든 세페이드 변광성들의 상대적 거리를 잴 수 있지.

그런데 문제가 하나 있어. 소마젤란성운까지의 거리가 얼마나 되는지 모르니까 이들의 상대적 거리만 알 뿐이지 실제 거리는 잴 수 없다는 거야. 그러니까 잣대는 있는데 거기에 눈금이 없다고 할까? 이 문제는 헤르츠스프룽이 해결했어. 그는 소마젤란성운보다 훨씬 가까운 지점에 있는 세페이드 변광성을 찾아, 나의 주기-밝기 법칙에 따른 밝기와 겉보기 밝기를 비교했어. 이로써 다른 세페이드 변광성과의 상대적인 거리를 알아냈지. 그런 다음 실제로 세페이드 변광성과 지구와의 거리를 측정했어. 지구에서 비교적 가까운 별의 거리는 연주시차로 잴 수 있거든. 그 결과 다른 세페이드 변광성들까지의 거리도 계산해 낼 수 있게 되었단다. 상대적 거리가 아닌 실제 거리를 말이야. 드디어 잣대에 눈금이 매겨진 순간이었지!"

레빗은 감격스러운 듯 말을 이었다.

"내가 발견한 법칙을 잣대로 쓰신 분이 또 있는데, 바로 여기 계신 섀플리 선생님이야. 섀플리 선생님은 1914년 구상성단[2]에 있는 변광성을 이용해 우리은하의 크기를 재셨어. 덕분에 우리은하는 그때까지 알려진 것보다 더 크고, 우리가 사는 태양계가 우리은하의 중심에 있지 않고 한쪽에 치우쳐 있다는 것도 알게 되었지. 이때부터 섀플리 선생님은 내가 변광성에 관해 무엇을 더 알아냈는지 궁금해하며, 피커링 소장을 통해 정보를 얻으려고 하셨던 것 같아. 하지만 소장님이 나에게 다른 일을 맡겨서 한동안 변광성 연구를 할 수 없었단다. 나중에 섀플리 선생님이 소장이 되어 오셨을 때에는 너무 늦었다고나 할까? 내 병이 깊어 가고 있었지."

레빗이 이야기를 마치자 페인이 말했다.

"평생을 별들과 함께하셨군요. 그때 변광성 연구를 계속하셨더라면 얼마나 좋았을까요! 아프지 않고 몇 년 만 더 버티셨더라면 천문학

2 수십만 개에서 수백만 개의 별들이 공 모양으로 모여 있는 항성의 집단. 우리은하 안에는 100개 이상의 구상성단이 있다.

자로 인정받고 가셨을 텐데 아쉬워요."

"내가 떠난 뒤 세상이 많이 변했나 봐? 어떻게 바뀌었을지 궁금한 걸. 사람들이 나를 기억하는지도 궁금하고…. 거기 미래에서 온 학생, 이야기해 줄 수 있겠어?"

레빗이 묻자 똘망한 눈의 우주가 대답했다.

"음, 집에 가서 조사해 봐야겠는걸요. 편지로 꼭 알려 드릴게요."

살아 있을 땐 컴퓨터라 불렸던 여성, 죽고 난 뒤에는 노벨상을 받을 뻔한 위대한 여성 천문학자! 우주는 꼭 레빗에 대한 자료를 찾아보고, 정성껏 답장해야겠다고 다짐했다.

레빗 씨! 당신은 혹시 책상 위에서 사진을 매일 들여다보며 우주의 크기가 얼마나 큰지 가늠하고 있었나요? 오늘날 과학자들은 우주에는 1,000억 개가 넘는 은하들이 있고, 은하들은 각자 또 1,000억 개가 넘는 별들을 거느리고 있다고 말해요. 머릿속에 다 그려지지 않을 정도로 어마어마하게 큰 우주지 뭐예요. 이러한 사실을 알게 된 게 다 레빗 씨 덕분이래요. 당신이 돌아가신 지 몇 년 뒤인 1923년, 미국의 천문학자 허블 Edwin Hubble, 1889~1953**이 안드로메다은하에서 새로운 세페이드 변광성을 발견했어요. 이 변광성까지의 거리를 레빗 씨가 발견한 잣대로 재니, 우리은하의**

크기보다 컸어요. 허블이 우리은하 바깥에 다른 은하가 있음을 밝혀낸 거예요. 그때까지 사람들은 우리은하가 우주 전체인 줄 알았나 봐요. 우주가 생각보다 훨씬 더 크다는 것을 알아낸 허블은 우주가 계속 더 커지고 있다는 사실도 밝혀내게 되었어요. 모두가 당신의 잣대로부터 시작된 발견이에요.
한 스웨덴의 수학자는 당신의 발견이 위대하다는 것을 알아보고, 당신을 1926년 노벨 물리학상 후보로 추천하려고 했대요. 하지만 몇 년 늦었죠. 노벨상은 살아 있는 사람에게만 수여되니까요.
비록 노벨상은 놓치셨지만 당신은 훌륭한 여성 천문학자가 바로 뒤이어 나올 수 있도록 길을 열어 주셨어요. 하버드 천문대에서 당신의 책상을 물려받아 공부한 세실리아 페인이 천문학 박사 학위를 받은 최초의 여성이 되었거든요.
제가 사는 대한민국에서는 2016년 인공지능 컴퓨터와 천재 바둑 선수가 대결을 벌였어요. 결과는 인공지능의 승리였죠. 매일같이 별의 밝기를 계산하던 '원조 컴퓨터'께서 이 소식을 들으면 어떤 생각이 들까요? 아무리 인공지능이 발달해도 레빗 씨처럼 과학 법칙을 발견해 내는 순간이 과연 올까요? 이런저런 생각을 하다 적어 보냅니다. 저는 레빗 씨가 정말 대단한 분 같아요.
앗, 편지가 길어졌네요. 이만 줄일게요.

연주시차와 별의 거리

지구에서 별까지의 거리는 어떻게 잴까? 그 방법의 하나로 '연주시차'를 활용하는 방법이 있다. 연주시차란 지구가 태양을 중심으로 공전하기 때문에 생기는 것으로, 지구의 어느 한 지점에서 관찰한 별의 위치와 그로부터 6개월 뒤 동일한 시각에서 본 별의 위치 사이에 생기는 사잇각의 반을 말한다. 이러한 연주시차는 별이 가까이에 있을수록 그 차가 크게 나타난다. 연주시차를 알면 삼각법을 이용해 별까지의 거리를 구할 수 있다. 그러나 아주 멀리 있는 별은 연주시차가 너무 작아서, 이 방법으로 거리 측정이 불가하다.

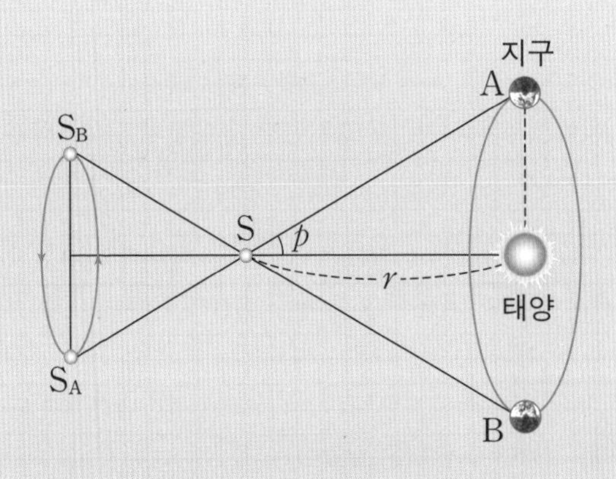

과학책 열기

세페이드 변광성을 이용한 거리 측정

별이 너무 멀리 있어 연주시차로 거리를 재지 못하는 경우에는 변광성을 이용해 거리를 구하기도 한다. 변광 주기를 측정하여 절대 밝기를 알아낸 뒤, 겉보기 밝기와 비교해 보는 것이다. 여기에서 겉보기 밝기는 별을 지구에서 관찰했을 때의 밝기로, 별과 지구 사이의 거리에 따라 달라진다. 이에 비해 절대 밝기는 모든 별을 일정한 지점에 가져다 놓았다고 가정했을 때의 밝기로, 거리와 관계없이 별 자체가 지닌 밝기를 나타낸다.

그런데 소마젤란성운 내 제각각 다른 위치에 수많은 세페이드 변광성들이 있는데, 왜 레빗은 이 별들이 같은 위치에 있다고 보고 절대 밝기를 측정했을까? 사실 소마젤란성운의 세페이드 변광성들은 지구로부터의 거리가 제각각이며, 레빗이 본 별의 밝기는 겉보기 밝기다. 그렇지만 소마젤란성운이 지구로부터 워낙 멀리 떨어져 있어 각각의 거리 차는 천문학에서는 무의미한 정도였다. 실제로 지구에서부터 소마젤란성운 내부에 있는 각각의 세페이드 변광성들까지의 거리는 지구에서 소마젤란성운까지의 거리와 별반 차이가 없다. 따라서 레빗 법칙은 변광성들을 같은 거리에 놓고 이들의 주기와 밝기 관계를 파악한 것이라고 할 수 있다. 한편 레빗은 소마젤란성운 밖에 있는 세페이드 변광성도 소마젤란성운의 위치에 가져다 놓았다고 가정하면 동일한 밝기-주기를 적용할 수 있다고 보았다.

15

퍼즐 맞추듯 대륙을 맞추다

- 알프레트 베게너, 대륙이동설 주장

알프레트 베게너

Alfred Wegener, 1880~1930

독일의 기상학자·지구물리학자. 베를린대학교와 하이델베르크대학교에서 천문학과 기상학을 공부했다. 독일해양기상대 이론기상부장, 그라츠대학교 교수 등을 지냈다. 대륙이동설을 검증하기 위해 그린란드를 세 차례 탐험했는데, 마지막 탐험에서 조난당해 행방불명으로 사망했다. 1912년에 대륙이동설을 주장하고, 1915년에 『대륙과 대양의 기원』을 저술하여 지질학계에 파문을 던졌다.

대륙이 움직인다니, 증거를 내놔!

미래는 급히 도서관을 찾았다. 이번 주에는 우주와 함께 과학의 역사를 다룬 짧은 영상을 만들어 유튜브에 올리기로 했기 때문이다. 미래는 과학 다큐멘터리 PD가 된 자신의 모습을 상상하며 자전거 페달을 밟았다. 얼마 전 내셔널지오그래픽 채널에서 본 〈코스모스〉의 장면들이 머릿속에서 빠르게 흘러갔다. 그런데 웬걸! 도착하고 보니 너무 늦었다. 1초 뒤면 도서관이 문을 닫는단다.

그런데 바로 그때, 도서관 옆에 난데없이 흰 건물이 나타났다. 미래는 낯선 건물 앞에 자전거를 세웠다. 역시 미스터리 과학 카페였다.

미래는 자전거를 문밖에 두고 망설임 없이 문을 열었다. 카페 안에서 음악 소리가 잔잔히 흘러나왔다. 테이블에는 머리가 다소 희끗한, 중년으로 보이는 사람들이 삼삼오오 모여 토론을 하고 있었다. 갑자기 왼쪽 테이블에서 큰 소리가 났다.

"증거를 내놓으라고, 증거를! 이 커다란 대륙이 움직이고 있다고? 겨우 퍼즐 조각을 증거랍시고 내밀면 우리가 그걸 어떻게 믿나?"

"지질학을 제대로 배운 적이 없으니 그런 허무맹랑한 소리를 하지! 내 참, 기가 막혀서."

미래는 고함치는 사람들 틈에서 꿋꿋이 앉아 종잇조각을 이리저리 맞추는 사람을 보았다. 총명해 보이는 눈을 한, 서른 살쯤 돼 보이는 남자였다.

'퍼즐 맞추기를 하나 봐!' 미래는 왠지 모를 호기심이 생겨 그에게 가까이 다가갔다.

"아저씨, 지금 뭐 하고 계세요?"

"지구 대륙이 어쩌다 지금의 모습이 되었는지 생각해 보는 중이야."

"엥? 이 종잇조각들로요?"

"허허, 이래 봬도 이건 세계지도를 오린 것이란다. 이건 아프리카 대륙이고, 저건 남아메리카 대륙이지. 자, 보렴! 해안선끼리 딱 맞춰지지?"

미래가 얼핏 보기에도 두 가장자리는 잘 들어맞았다.

"그런데 사람들은 왜 자꾸 당신한테 증거를 내놓으라고 하죠?"

"음, 그건 말이야. 저 사람들이 듣기에는 다소 엉뚱한 주장을 내가 했거든. 참, 내 소개를 하지. 나는 알프레트 베게너라고 하네. 보아 하니 미래에서 온 친구 같은데 내 얘기 좀 들어 볼 텐가?"

미래는 재빨리 고개를 끄덕였다. 베게너는 미래를 카페 한쪽에 있는 책꽂이로 데려갔다. 그러더니 책꽂이 속에 있던 종이 상자를 꺼내 먼지를 툴툴 털어 내고는 미래에게 건넸다.

대륙 이동의 증거를 제시하다

"음, 그러니까 1900년대 초의 이야기라네. 그때 살던 사람들은 지구가 암석과 금속으로 만들어진 거대한 공과 같아서, 대륙이 한곳에

단단히 고정되어 있다고 믿었지. 하지만 나는 생각이 달랐어. 언제부턴가 나는, 지금은 멀리 떨어진 대륙들이 한때는 붙어 있었을 거라는 생각이 들었단다. 그러다 결정적인 증거를 발견하게 되었어. 세계지도를 유심히 살펴보니 아프리카 서해안과 남아메리카 동해안의 가장자리가 퍼즐 조각처럼 꼭 들어맞는 거야.

결국 난 1912년에 한 강의에서 이런 생각을 고백했네. 지구 대륙이 원래는 서로 붙어 있었는데, 어떤 이유로 쪼개져 이동하다 지금의 대륙이 되었다고 말이야. 그러자 사람들은 말도 안 된다며 손가락질했어. 해안선은 침식작용을 받아서도 얼마든지 변한다나 뭐라나. 난 굴하지 않고 더 많은 증거를 찾으려고 애썼어. 그리고 1915년, 마침내 『대륙과 대양의 기원』이라는 책을 펴냈지. 나는 이 책을 통해 과거 지구의 모든 대륙이 '판게아(Pangaea)'라는 하나의 큰 대륙을 이루었다가, 약 2억 년 전인 쥐라기(중생대 중기) 때부터 갈라졌다고 발표했어. '대륙이동설'을 내놓은 순간이었지. 그것을 뒷받침할 자료로 네 가지나 되는 증거들도 제시했어!"

미래는 눈을 반짝였다.

"오, 정말요?"

"하지만 대륙 이동에 관한 내 이론은 받아들여지지 않았어. 과학자들은 그렇다면 도대체 대륙을 움직인 힘이 무엇이냐고 물었지. 고민 끝에 나는 달의 기조력이 대륙을 움직이게 할 수 있다고 말했어. 기조력이란 해수면의 높이 차이(조석 현상)을 일으키는 힘을 말해. 달과 태양의 인력과 지구의 원심력이 상호작용해서 이런 현상이 벌어진다는 설명이었지.

그러나 내 주장은 곧바로 반론에 부딪혔어. 하물며 독일의 기상학자이자 내 장인 어른인 쾨펜Wladimir Köppen, 1846~1940도 '자네는 지질학자나 고생물학자가 아닐뿐더러, 자네의 그 생각은 지구과학의 기초를 모두 뒤흔들고 있어!'라며 비판했지. 그러니 얼마나 내가 외로웠겠나. 그래, 그땐 참 외로웠지…. 그래도 증거를 찾는 일을 그만둘 수는 없었어. 사람들이 받아들일 만한 더 확실한 증거를 찾기 위해 빙하가 있는 그린란드에도 여러 번 갔지. 그러다가 지독한 날씨 탓에 그만 조난당하고 말았어. 쉰 살쯤 되었을 때였네. 그게 내 마지막이 될 줄이야…."

베게너는 씁쓸한 표정을 지으며 이야기를 마쳤다. 미래는 아까부터 궁금했던 것을 얼른 물었다.

"그런데 '판게아'가 무슨 뜻이에요?"

"그리스어로 '판(pan)'은 '모두', '게아(gaea)'는 '땅'이란 뜻이야. 그러니까 판게아는 '모두가 하나로 붙어 있는 땅'이란 의미란다. 약 3억 년 전의 초대륙에 내가 붙인 이름이지."

"와, 정말 멋진 이름이네요!"

"고맙구나. 어허, 벌써 시간이 이렇게 됐네. 자네에게 부탁이 하나 있어. 나는 대륙이 내 생각처럼 정말 움직이는지, 그렇다면 그 원인은 무엇인지 아직도 궁금하거든. 자네가 사는 곳에 돌아가면 답이 나와 있을 테니, 그 답을 찾아 편지에 적어 보내 줄 수 있겠나?"

“아, 이 미스터리 과학 카페로 말이죠? 네, 약속할게요.”

미래는 집에 돌아와서 바로 우주에게 전화를 걸었다.

“우주야! 나 이번에는 미스터리 과학 카페에서 알프레트 베게너를 만나고 왔어.”

“대박이다! 대륙이동설을 주장한 그 베게너?”

“응. 관련 자료 조사해 보고, 이번에는 베게너를 주제로 영상을 만들어 보는 게 어때?”

미래와 우주는 베게너의 대륙이동설을 둘러싸고 그동안 어떤 일이 있었는지 찾아보았다. 그랬더니 베게너가 죽고 30여 년이 흐른 뒤 대륙이동설은 화려하게 부활해 있었다.

‘30년, 아니 40년만 더 사셨다면 얼마나 좋아.’

미래는 베게너가 들려준 이야기와 우주와 함께 찾은 자료들을 종합하여 대륙 이동의 비밀을 담은 한 편의 영상을 완성했다. 유튜브에 올리자 친구들의 반응이 뜨거웠다. 며칠 뒤 미래는 베게너에게 편지를 썼다.

베게너 씨! 당신이 돌아가시기 2년 전인 1928년에 영국의 지질학자 아서 홈스 Arthur Holmes, 1890~1965**가 당신의 주장을**

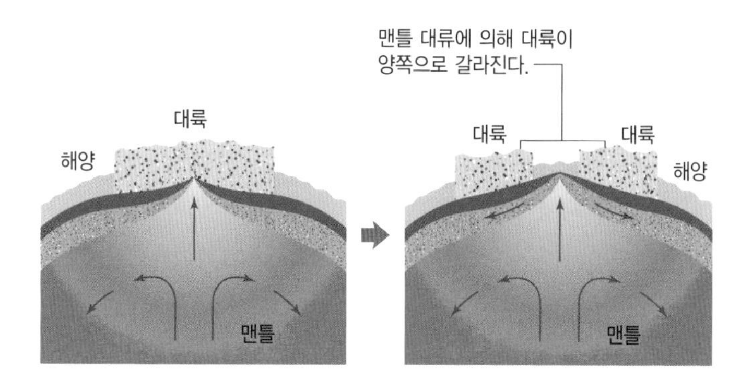

뒷받침하는 이론을 내놓은 건 알고 계시죠? 지구 내부에 약간 말랑말랑한 고체 상태의 맨틀이 있고, 맨틀이 대류에 의해 천천히 움직이면서 그 위에 실린 지각도 함께 이동한다는 '맨틀대류설' 말이에요. 지구 내부의 열이 맨틀에 밀도 차이를 만들고, 이 밀도 차로 대류가 일어나면서[1] 맨틀이 상하 수평 방향으로 이동한다는 가설이었어요. 이 이론은 대륙 이동을 잘 설명할 수 있는 중요한 원리였지만, 지질학적 증거가 부족하다는 이유로 당시에 받아들여지지 않았어요. 당신의 대륙이동설이 거부당했던 것과 비슷했죠.

그런데 30년쯤 지나, 발달된 해저 장비가 연구에 사용되면서 몰랐던 세계가 눈앞에 드러났어요. 수중 음향 탐지기나 수심 측정 장비들을 동원해 바닷속을 탐사했더니, 그동안 깊숙이 숨어 있어서 볼 수 없었던 해저지형의 실체가 보였죠. 놀랍게도

1 유동성이 있는 어떤 물질의 내부에서 밀도 차가 존재하면, 서로 뜨고 가라앉는 성질이 생기며 대류가 일어난다.

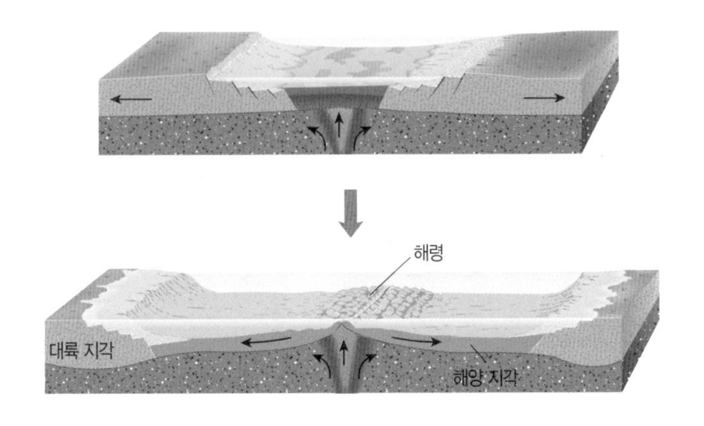

바닷속에도 땅 위처럼 산맥이 있었어요. 그곳을 관찰해 보니 놀랍게도 뜨거운 마그마가 올라와서 식은 뒤, 새로운 바다 지각을 만들고 있었어요! 이건 맨틀대류설을 뒷받침하는 중요한 단서이기도 했대요. 뜨거운 마그마가 솟아오르는 원인이 맨틀의 대류 때문으로 보였거든요. 한편 해저산맥인 해령을 본격적으로 탐사해 보니, 해령에서 가까울수록 지각의 나이가 젊고, 지표로 흘러나오는 열의 양(지각 열류량)이 많았어요. 반대로 멀어질수록 지각의 나이가 많고 흘러나오는 열의 양이 적었죠. 과학자들은 이를 통해 해령에서 새로운 지각이 만들어진 뒤 시간이 흐르며 점차 양쪽으로 밀려난다는 사실을 알아냈어요. 즉 해양 지각이 해령을 중심으로 양쪽으로 밀려 나가면서 해저가 확장된다는 '해저확장설'을 주장한 것이죠.

드디어 1960년대 말이 되어서 당신의 이론이 멋지게 부활해요.

대륙이동설과 맨틀대류설, 그리고 해저확장설을 하나로 엮은 이른바 '판구조론'이 등장하거든요. 베게너 씨가 세상을 떠난 뒤, 당신의 주장을 연구한 후배 과학자들이 이런 이론을 내놓았답니다. 판구조론에 따르면 지구 표면은 '판'이라고 불리는 여러 개의 조각들로 이루어져 있으며, 이 판이 맨틀 대류를 따라 서로 부딪히거나 멀어지면서 이동하고 있다는 거예요. 베게너 씨 덕분에 사람들은 지구를 바라보는 새로운 눈을 얻었어요. 이미 100년 전에 당신이 주장한 것처럼, 지구의 땅덩어리는 실제로 움직이고 있어요. 이제는 사람들도 그 사실을 확실히 알고 있죠. 다만 당신은 대륙이 이동한다고 했는데, 지금 과학자들은 판이 이동한다고 설명하고 있어요. 판이 이동하는 빠르기는 일 년에 수 센티미터 정도래요. 판게아로부터 수억 년이 지나 오늘날의 대륙이 되었듯이, 또 수억 년이 지나면 지구의 대륙 모양이 지금과는 많이 바뀌어 있겠죠?

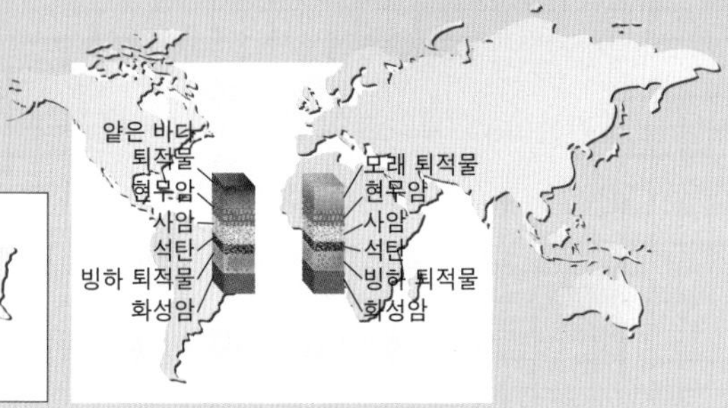

과학책 열기

남아메리카
아프리카
얕은 바다 퇴적물
현무암
사암
석탄
빙하 퇴적물
화성암
모래 퇴적물
현무암
사암
석탄
빙하 퇴적물
화성암

베게너가 제시한 대륙이동설의 증거

◆ 해안선의 일치 : 남아메리카의 동쪽 해안선, 아프리카의 서쪽 해안선이 서로 잘 맞는다.

◆ 고생물 분포의 유사성 : 글로소프테리스(양치식물의 한 종류)와 메소사우루스(수생 파충류) 등 고생물의 화석이 멀리 떨어진 대륙에서 공통적으로 발견된다.

◆ 빙하의 흔적 : 현재는 열대나 온대 지방에 속하는 지역에 고생대 말의 빙하 퇴적층이 분포하는데, 빙하가 이동한 흔적에 따라 이들을 한데 모아 보면 남극 부분에 모이고 전체 대륙이 초대륙 형태를 이룬다.

◆ 지질구조의 연속성 : 현재 떨어져 있는 두 대륙에서 산맥과 지질구조가 연속적으로 이어진다.

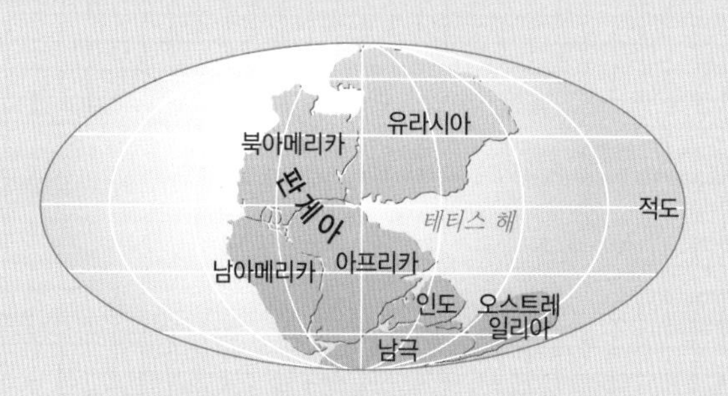

판구조론

베게너의 대륙이동설과 그가 주장한 판게아 이론은 당대에 인정받지 못했다. 베게너가 대륙이동설을 주장한 지 십수 년 뒤, 1929년 영국의 지질학자 아서 홈스는 지구 내부의 온도 차이 때문에 맨틀에서 대류가 일어나 대륙을 이동시킨다는 맨틀대류설을 주장하였지만, 자신의 주장을 뒷받침할 만한 증거를 제시하지 못했다.

제2차 세계대전 이후로 과학의 발전에 힘입어 해저지형을 탐구할 수 있게 되면서 대륙이동설이 다시 부활하였다. 그리고 1960년 말에 이르러서 대륙이동설, 맨틀대류설, 해류확장설을 모두 포함하는 '판구조론' 이 등장하게 된다. 판구조론은 지구의 겉 부분은 여러 개의 판으로 이루어지며, 이들의 상대적 움직임에 의하여 여러 가지 지질 현상이 일어난다고 여기는 학설을 말한다.

미스터리 과학 카페

세상을 바꾼 과학자 16인의 수상한 초대

1판 1쇄 발행일 2019년 10월 30일
1판 6쇄 발행일 2024년 7월 5일

지은이 권은아
펴낸이 권준구 | 펴낸곳 (주)지학사
편집장 김지영 | 편집 공승현 명준성 원동민
일러스트 양경미 | 디자인 정은경디자인
마케팅 송성만 손정빈 윤술옥 | 제작 김현정 이진형 강석준 오지형
등록 2017년 2월 9일(제2017-000034호) | 주소 서울시 마포구 신촌로6길 5
전화 02.330.5265 | 팩스 02.3141.4488 | 이메일 booktrigger@naver.com
홈페이지 www.jihak.co.kr | 포스트 post.naver.com/booktrigger
페이스북 www.facebook.com/booktrigger | 인스타그램 @booktrigger

ISBN 979-11-89799-17-5 43400

북트리거

트리거(trigger)는 '방아쇠, 계기, 유인, 자극'을 뜻합니다.
북트리거는 나와 사물, 이웃과 세상을 바라보는 시선에 신선한 자극을 주는 책을 펴냅니다.